总主编　林家阳

# 商业空间设计
## （第二版）

杨静　顾逊　薛刚　编著

中国轻工业出版社

# 图书在版编目（CIP）数据

商业空间设计 / 杨静，顾逊，薛刚编著. -- 2版. -- 北京：中国轻工业出版社，2025.1. -- ISBN 978-7-5184-4823-4

Ⅰ.TU247

中国国家版本馆CIP数据核字第2024CK2463号

责任编辑：徐　琪　　责任终审：劳国强　　设计制作：锋尚设计
策划编辑：毛旭林　　责任校对：朱燕春　　责任监印：张　可

出版发行：中国轻工业出版社（北京鲁谷东街5号，邮编：100040）
印　　刷：艺堂印刷（天津）有限公司
经　　销：各地新华书店
版　　次：2025年1月第2版第1次印刷
开　　本：870×1140　1/16　印张：11
字　　数：260千字
书　　号：ISBN 978-7-5184-4823-4　定价：58.00元
邮购电话：010-85119873
发行电话：010-85119832　010-85119912
网　　址：http://www.chlip.com.cn
Email：club@chlip.com.cn
版权所有　侵权必究
如发现图书残缺请与我社邮购联系调换

210228J1X201ZBW

# 序一
PROLOG1

中国的艺术设计教育起步于20世纪50年代,改革开放以后,特别是90年代进入一个高速发展的阶段。由于学科历史短,基础弱,艺术设计的教学方法与课程体系受苏联美术教育模式与欧美国家20世纪初形成的课程模式影响,导致了专业划分过细,过于偏重技术性训练,在培养学生的综合能力、创新能力等方面表现出突出的问题。

随着经济和文化的大发展,社会对于艺术设计专业人才的需求量越来越大,市场对艺术设计人才教育质量的要求也越来越高。为了应对这种变化,教育部将"艺术设计"由原来的二级学科调整为"设计学"一级学科,既体现了对设计教育的重视,也体现了把设计教育和国家经济的发展密切联系在一起。因此教育部高等学校设计学类专业教学指导委员会也在这方面做了很多工作,其中重要的一项就是支持教材建设工作。此次由林家阳教授担纲的这套教材,在整合教学资源、结合人才培养方案,强调应用型教育教学模式、开展实践和创新教学,结合市场需求、创新人才培养模式等方面做了大量的研究和探索;从专业方向的全面性和重点性、课程对应的精准度和宽泛性、作者选择的代表性和引领性、体例构建的合理性和创新性、图文比例的统一性和多样性等各个层面都做了科学适度、详细周全的布置,可以说是近年来高等院校艺术设计专业教材建设的力作。

设计是一门实用艺术,检验设计教育的标准是培养出来的艺术设计专业人才是否既具备深厚的艺术造诣,实践能力,同时又有优秀的艺术创造力和想象力,这也正是本套教材出版的目的。我相信本套教材能对学生们奠定学科基础知识、确立专业发展方向、树立专业价值观念产生最深远的影响,帮助他们在以后的专业道路上走得更长远,为中国未来的设计教育和设计专业的发展注入正能量。

教育部高等学校设计学类专业教学指导委员会原主任
中央美术学院 教授/博导 谭平

# 序二
PROLOG 2

建设"美丽中国""美丽乡村"的内涵不仅仅是美丽的房子、美丽的道路、美丽的桥梁、美丽的花园,更为重要的内涵应该是贴近我们衣食住行的方方面面。好比看博物馆绝不只是看博物馆的房子和景观,而最为重要的应该是其展示的内容让人受益,因此"美丽中国"的重要内涵正是我们设计学领域所涉及的重要内容。

办好一所学校,培养有用的设计人才,造就出政府和人民满意的设计师取决于三方面的因素,其一是我们要有好的老师,有丰富经历的、有阅历的、理论和实践并举的、有责任心的老师。只有老师有用,才能培养有用的学生;其二是有一批好的学生,有崇高志向和远大理想,具有知识基础,更需要毅力和决心的学子;其三是连接两者纽带的,具有知识性和实践性的课程和教材。课程是学生获取知识能力的宝库,而教材既是课程教学的"魔杖",也是理论和实践教学的"词典"。"魔杖"即通过得当的方法传授知识,让获得知识的学生产生无穷的智慧,使学生成为文化创意产业的使者。这就要求教材本身具有创新意识。本套教材包括设计理论、设计基础、视觉设计、产品设计、环境艺术、工艺美术、数字媒体和动画设计八个方面的系列教材,在坚持各自专业的基础上做了不同程度的探索和创新。我们也希望在有限的纸质媒体基础上做好知识的扩充和延伸,通过教材案例、欣赏、参考书目和网站资料等起到一部专业设计"词典"的作用。

为了打造本套教材一流的品质,我们还约请了国内外大师级的学者顾问团队、国内具有影响力的学术专家团队和国内具有代表性的各类院校领导和骨干教师组成的编委团队。他们中有很多人已经为本系列教材的诞生提出了很多具有建设性的意见,并给予了很多方面的指导。我相信以他们所具有的国际化教育视野以及他们对中国设计教育的责任感,这套教材将为培养中国未来的设计师,并为打造"美丽中国"奠定一个良好的基础。

教育部职业院校艺术设计类专业教学指导委员会原主任
同济大学 教授/博导 林家阳

# 第二版前言

在当前迅速演变的市场环境中，商业空间设计不仅是美学创造的过程，更是实现商业价值与优化用户体验的重要环节。《商业空间设计》（第二版）的发布，旨在为环境艺术设计专业的学生提供一个系统且全面的学习平台，帮助他们深入理解和掌握商业空间设计的理论与实践。

本教材充分结合了最新的行业动态与教学反馈，涵盖了从商业空间基本面貌到具体设计训练的各个方面。通过丰富的案例分析与实践练习，学生不仅能够学习到相关的理论知识，还能在实际项目中有效地应用这些知识，从而提升他们的设计能力与创新思维。

教材特别强调商业概念、经营模式及消费环境等商业管理学的导入，同时注重跨学科的融合，整合了人机工程学、材料学和照明工程等相关领域的知识，使学生在设计过程中能够全面考虑用户体验与商业需求。第二章的实训部分，通过多样化的训练项目，旨在帮助学生在真实场景中锻炼实践能力，增强其解决实际问题的能力。

在此，我谨向参与本书编写的所有团队成员及提供宝贵意见的同行致以诚挚的感谢。希望本教材能够成为学习商业空间设计的有效工具，激励学生在未来的设计实践中不断探索与创新，为商业空间领域的发展贡献更多的智慧与价值。

杨静

# 第一版前言

环境艺术设计专业近年来发展较快，强调理论联系实践，理论指导实践，而商业空间设计是该学科最重要的专业必修课程之一，本教材就是针对这门课程而编写的。在编写过程中，重点表达了多年来学生的学习反馈意见，并结合编者数年的教学体会和实践经验，力求内容丰富而不失创新，加强趣味性而不失原理性，重视形象化而不失深度；帮助学生更好地建立个人的学习习惯和思维能力，同时加强培养学生独立思考的计划能力和团队运作的协作能力。

虽然一直以来没有离开过一线设计，而且很早就有过编写教材的计划，但因为过于忙碌等种种原因，始终没有能很好地静下来总结，感谢家阳总主编给了这次机会，促成了这次教材编写工作。

本教材在内容设置上，重视商业概念、经营方式、消费环境等商业管理学的导入，有机结合人机工程学、材料学、照明工程等工学知识，以商业空间设计认知与方法操练为主线。同时，注重设计方法和设计能力的培养，强调思维的逻辑性和多元学科的结合，顺应了时代和行业发展的新要求。第二章的"教学与实训"，是教材的核心部分，是课程在深入教学改革后的成果，先提作业要求，接着是案例赏析，然后是学习商业空间设计必须掌握的知识点，由浅入深，让学生体会商业空间设计不只是画图，更重要的是建立较好的商业空间关系。

编者在教学的同时长期参加社会实践，有着大量设计和工程的经历，对现行的教学有了更加深入的思考。许多项目直接转化为课程研究和学生培养的优势，能够将重点放在探讨商业空间设计创意思维的能力培养上，训练课题有助于学生专业能力的提升和设计视野的提高。

教材是学校教育教学、推进立德树人的关键要素，是国家意志和社会主义核心价值观的集中体现。本教材在遵循学科特点和教育教学规律的基础上，致力于充分发挥教材铸魂育人的功能。本教材的重印工作，更是本着以习近平新时代中国特色社会主义思想为指导、推进党的二十大精神进教材、促进艺术类专业学生德艺兼修的出发点，在教学内容中重点增补了相关思政训练项目。希望本教材能够成为设计类专业的实用好教材，为广大师生提供有益的参考与借鉴。

顾逊

# 课时安排

建议课时64
（16课时×4周）

| 章　节 | 课　程　内　容 | | 课　时 | |
|---|---|---|---|---|
| 第一章<br>商业空间设计<br>的面貌与认知 | 第一节　商业空间的基本面貌 | | 2 | 8 |
| | 第二节　商业概念与空间设计 | | 2 | |
| | 第三节　商业业态与空间形态 | | 2 | |
| | 第四节　历史溯源与发展趋势 | | 2 | |
| 第二章<br>商业空间设计<br>的教学与实训 | 训练一　商业空间体验+手绘记录练习 | | | 48 |
| | 一、课程要求 | 二、大师设计手稿案例 | 12 | |
| | 三、学生设计案例 | 四、知识要点 | | |
| | 五、训练程序 | 六、思政训练项目 | | |
| | 七、延伸阅读与参考资源 | | | |
| | 训练二　小型服饰店设计 | | | |
| | 一、课程要求 | 二、业界设计案例 | 12 | |
| | 三、学生设计案例 | 四、知识要点 | | |
| | 五、训练程序 | 六、思政训练项目 | | |
| | 七、延伸阅读与参考资源 | | | |
| | 训练三　店中店设计 | | | |
| | 一、课程要求 | 二、业界设计案例 | 12 | |
| | 三、学生设计案例 | 四、知识要点 | | |
| | 五、设计程序 | 六、思政训练项目 | | |
| | 七、延伸阅读与参考资源 | | | |
| | 训练四　典型商业空间设计 | | | |
| | 一、课程要求 | 二、业界设计案例 | 12 | |
| | 三、学生设计案例 | 四、知识要点 | | |
| | 五、训练程序 | 六、思政训练项目 | | |
| | 七、延伸阅读与参考资源 | | | |
| 第三章<br>商业空间设计<br>的欣赏与分析 | 第一节　北京SKP-S——沉浸式商业与主题叙事 | | 2 | 8 |
| | 第二节　钟书阁——空间构成与形式语言 | | 2 | |
| | 第三节　新加坡Funan——多元业态与数字科技 | | 2 | |
| | 第四节　曼谷ICONSIAM——传统文化与当代商机 | | 2 | |

# 目录 CONTENTS

## 第一章　商业空间设计的面貌与认知

**第一节**　商业空间的基本面貌 …………………………………………………… 013
    1. 城市商业街区 …………………………………………………………… 013
    2. 综合商业中心 …………………………………………………………… 018
    3. 品牌商业展示 …………………………………………………………… 020

**第二节**　商业概念与空间设计 …………………………………………………… 025
    1. 商业关系 ………………………………………………………………… 025
    2. 消费方式 ………………………………………………………………… 025
    3. 消费者群体 ……………………………………………………………… 025
    4. 营运主体 ………………………………………………………………… 026
    5. 商业空间 ………………………………………………………………… 027
    6. 建筑空间设计 …………………………………………………………… 028

**第三节**　商业业态与空间形态 …………………………………………………… 030
    1. 商摊 ……………………………………………………………………… 030
    2. 便利商店（小超市）…………………………………………………… 031
    3. 专卖店和专业商店 ……………………………………………………… 032
    4. 百货商场 ………………………………………………………………… 034
    5. 超级市场 ………………………………………………………………… 036
    6. 商业购物中心 …………………………………………………………… 037
    7. 商业街区 ………………………………………………………………… 040
    8. 电子商务（网店）……………………………………………………… 046

**第四节**　历史溯源与发展趋势 …………………………………………………… 047
    1. 古代的集市 ……………………………………………………………… 047
    2. 近代的开埠 ……………………………………………………………… 047
    3. 现代的商场 ……………………………………………………………… 048
    4. 未来的网络 ……………………………………………………………… 048
    5. 现代商业空间设计的发展趋向 ………………………………………… 050

## 第二章　商业空间设计的教学与实训

训练一　商业空间体验 + 手绘记录练习 …………………………………… 053
　　　　一、课程要求 ……………………………………………………… 053
　　　　二、大师设计手稿案例 …………………………………………… 054
　　　　三、学生实训案例 ………………………………………………… 056
　　　　四、知识要点 ……………………………………………………… 062
　　　　五、训练程序 ……………………………………………………… 079
　　　　六、思政训练项目 ………………………………………………… 080
　　　　七、延伸阅读与参考资源 ………………………………………… 081

训练二　小型服饰店设计 ……………………………………………………… 082
　　　　一、课程要求 ……………………………………………………… 082
　　　　二、业界设计案例 ………………………………………………… 083
　　　　三、学生设计案例 ………………………………………………… 088
　　　　四、知识要点 ……………………………………………………… 096
　　　　五、训练程序 ……………………………………………………… 103
　　　　六、思政训练项目 ………………………………………………… 105
　　　　七、延伸阅读与参考资源 ………………………………………… 106

训练三　店中店设计 …………………………………………………………… 107
　　　　一、课程要求 ……………………………………………………… 107
　　　　二、业界设计案例 ………………………………………………… 108
　　　　三、学生设计案例 ………………………………………………… 110
　　　　四、知识要点 ……………………………………………………… 114
　　　　五、设计程序 ……………………………………………………… 121
　　　　六、思政训练项目 ………………………………………………… 121
　　　　七、延伸阅读与参考资源 ………………………………………… 121

训练四　典型商业空间设计 …………………………………………………… 122
　　　　一、课程要求 ……………………………………………………… 122

二、业界设计案例 ………………………………………… 123
三、学生设计案例 ………………………………………… 125
四、知识要点 ……………………………………………… 131
五、训练程序 ……………………………………………… 140
六、思政训练项目 ………………………………………… 142
七、延伸阅读与参考资源 ………………………………… 143

## 第三章　商业空间设计的欣赏与分析

第一节　北京 SKP-S——沉浸式商业与主题叙事 ……………… 145
  案例简介 …………………………………………………… 145
  案例背景 …………………………………………………… 145
  案例要点 …………………………………………………… 145
   1. 主题沉浸式商业 ……………………………………… 145
   2. 空间叙事性线索 ……………………………………… 147
   3. 沉浸式设计理论 ……………………………………… 148

第二节　钟书阁——空间构成与形式语言 ……………………… 151
  案例简介 …………………………………………………… 151
   1. 苏州钟书阁 …………………………………………… 151
   2. 西安钟书阁 …………………………………………… 153
   3. 都江堰钟书阁 ………………………………………… 155
   4. 深圳钟书阁 …………………………………………… 157

第三节　新加坡 Funan——多元业态与数字科技 ……………… 159
  案例简介 …………………………………………………… 159
  设计理念 …………………………………………………… 159
   1. 多元业态 ……………………………………………… 160
   2. 数字科技 ……………………………………………… 162
   3. 学习价值 ……………………………………………… 163

第四节　曼谷ICONSIAM——传统文化与当代商机 …… 165
　　案例简介 …… 165
　　案例要点 …… 165
　　　1. 传统文化与现代文化的融合 …… 165
　　　2. 当代商机的充分利用 …… 171
　　　3. 思政板块 …… 173

# 参考文献 …… 175
# 拓展视频资料 …… 175
# 后记 …… 176

# 第一章
## 商业空间设计的面貌与认知

第一节　商业空间的基本面貌

第二节　商业概念与空间设计

第三节　商业业态与空间形态

第四节　历史溯源与发展趋势

本章对商业空间的基本面貌展开基础体系的叙述，帮助同学们形成对商业空间的基本认知，以及对商业空间设计的前期准备。

商业空间的基本面貌，介绍商业空间的常见形式及特色。商业概念与空间设计，进行基本知识点的叙述和相关概念的阐述。商业业态与空间形态，选择业态规模和形态组合关系，从商摊、便利商店、专业商店、百货商场、超级市场、商业购物中心、商业街区和电子商务（网店）八大类展开分述。商业空间的历史溯源与发展趋势，进行历史线脉的发展论述。

## 第一节 商业空间的基本面貌

商业空间在日常生活中随处可见，如商店、商场和商业街等。城市的繁荣和繁华很大程度上依赖商业的发展，而各式各样的商业空间形式则为城市街道赋予了多样化的特色。

### ▶▶ 1. 城市商业街区

（1）城市商业街区的重要性

城市商业街区是城市生活的核心，具有以下特点和重要性：

① 商业街区不仅是商业活动的中心，还是社交和文化互动的场所。

② 步行是商业街区主要的交通方式，因此，街区的便捷性、高效性和安全性至关重要。

③ 商业街区的设计和管理可以吸引更多购物者，从而提高购买力，促进经济繁荣（图1-1、图1-2）。

典型的代表有上海南京路步行街、成都春熙路步行街、哈尔滨中央大街等。

（2）上海南京路的历史与地位

上海南京路作为中国最著名的商业街之一，具有丰富的历史和独特地位：

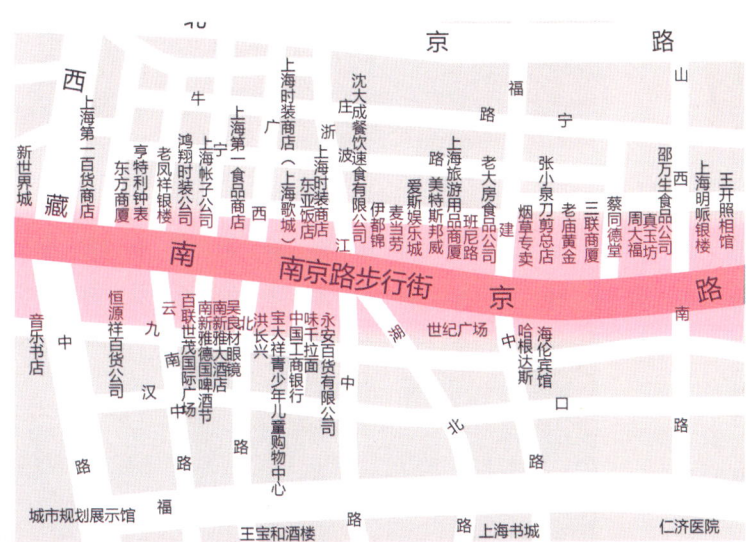

图1-1 上海南京路步行街简易地图／依据百度网信息绘制

图1-2 上海市南京路步行街

① 南京路自上海开埠以来就存在，是上海最早建立的商业街之一。

② 自改革开放以来，南京路一直是中国商业的代表，吸引着国内外游客和购物者。

③ 这条街道见证了中国商业的发展和变迁，承载了丰富的商业文化。

**（3）上海南京路的分区与特点**

南京路是一条全长约5.5km的商业街区，横跨静安区和黄浦区，以西藏中路为界分为东西两段。这一商业街区包括上海两大商业中心：南京东路和南京西路，每个区域都有其特点（图1-3至图1-7）。

南京东路是南京路的东段，东起外滩的中山东一路，西至西藏中路，总长约1599m。它主要定位为平价商业区和旅游区，以各种老字号商店和商城著称，提供各种平价商品，吸引了众多游客和购物者。南京东路也是上海的旅游胜地，游客可以欣赏到上海的标志性景点，如外滩、黄浦江全景、钟楼、东方明珠、金茂大厦和国际环球金融中心等。

南京西路是南京路的西段，包括静安寺地区，是奢华的时尚商业街区。这一区域是今天上海顶级的商业街区，传统与现代相交融，充满着历史和现代的双重魅力。南京西路拥有上海顶级商店和百货公司，其中四大百货公司创造了亚洲百货业的众多先河，如使用自动扶梯、空调系统、统一制服以及将百货公司与其他业态融为一体等创新。这里的建筑保留着民国时期的特色，大部分路段保持着20m的宽阔路幅和绿化良好的环境。南京西路南侧虽然有延安高架路，但仍然是上海东西交通干道之一，有20余条公交线路途经该路，两侧有众多机构和文化活动中心，呈现出繁忙而充满活力的城市景象。

南京路的不同区域满足了不同消费者的需求，为城市居民和游客提供了多样化的购物和娱乐体验，展现出上海独特的商业文化和城市风貌。这一商业街区也是上海的地标之一，吸引着国内外无数的购物者和游客。

图1-3　上海第一百货商店

图1-4　百联世茂国际广场　　图1-5　百联世茂国际广场中庭

图1-6　永安百货

图1-7　上海时装商店

## （4）商业文化对城市文化的重要性

商业文化在城市文化中扮演着重要角色：

① 上海的商业文化受到各地不同文化的影响，具有多样性和兼容性。

② 南京路的商业建筑融合了中西风格，反映了上海的文化多元性。

③ 商店通过商品陈列和广告吸收了中外商业文化的精华，提高了商品宣传效果，同时也丰富了城市的文化氛围（图1-8至图1-13）。

商业文化是构成上海城市文化的重要内容之一。作为工商业城市来说，上海的历史并不悠久，但文化渊源则相当长远，在古代先是属于吴越文化的范围，后来又沉浸于苏扬文化，至近代又受世界各地文化的影响。近代上海的外国侨民来自英国、法国、美国、日本、德国、俄国等国家，国内除少数边远地区外，东西南北不同地区、不同民族的人们将各地不同的消费生活习惯和商业文化带进上海，从而使上海的商业文化具有多样性和兼容性，这一特点在南京路商业街上明显地表现出来。

## （5）商业街的建筑特点

南京路的商业建筑的特点：

① 商业建筑融合了近代西方建筑和中国传统建筑，呈现出多样化的风格。

② 商业建筑强调门面装潢和商品陈列，使用了现代建筑技术和材料。

③ 商业街的建筑展现了统一协调的整体感觉，体现出上海的海派风格。

与上海其他地方相比，南京路的商业建筑更体现出中外风格的融合，既有典型的欧式建筑风格，又有在西方文化影响下的中西合璧风格或有意逆反西方影响的中国传统建筑风格。总体上讲，南京路商业建筑在传统风格的基础上普遍接受了西方近代建筑

图1-8　新世界大丸百货自动旋转扶梯　　图1-9　新世界大丸百货自动旋转扶梯全貌

图1-10　南京路华为旗舰店　　图1-11　新世界城的中庭室内攀岩

图1-12　外滩中央　美伦大楼

图1-13　外滩中央广场内庭

风格的影响。尽管这些商业建筑形式多样,且是陆陆续续建成的,但它给人一种统一协调的感觉。商业街特点还在于对门面装潢非常考究,更加华丽、细腻,强调商品陈列,同时在建筑设计的平面布局、细部处理和建筑结构上都运用或部分运用了现代建筑艺术、建筑技术和建筑材料,从而使南京路的商业建筑更加多姿多彩。这也许正是近代上海所特有的海派风格。

（6）商品陈列和广告的创新

商品在陈列和广告方面进行了创新：

① 采用大型玻璃橱窗陈列商品,吸引顾客,缩小商品与顾客之间的距离。

② 大量使用店招和彩画广告,夜晚则通过霓虹灯创造璀璨的街头文化景观。

③ 引进文化艺术和娱乐节目,提高商场的吸引力,为商业街增加文化氛围。

南京路上的商店吸收了中外商业文化的精华。1918年,永安公司仿照外国百货商店的商场设计,首次引入大型玻璃橱窗陈列商品的风格。1934年,大新公司在商场底层的三面临街位置设置了十九个大型玻璃窗,成为当时上海大型玻璃橱窗最多的商场。

尽管一些旧式商店仍然采用传统的木柜台,但他们也使用了店招和各种彩画来吸引顾客。白天,这些广告牌和彩画效果出色；而夜晚,南京路则变成了一个璀璨夺目的灯光秀场,吸引游人的目光。

20世纪30年代,南京路的商店经营模式也开始突破传统,引入了戏剧、音乐等文化艺术和娱乐游艺,成为热门娱乐场所。四大公司还引入了科技和生产元素,如电动扶梯和电动制饼机,吸引众多顾客前来体验。永安公司也在商场内引入了生产牙膏、香皂等小商品的最后一道工序,并将部分产品作为礼品赠送给现场观看的顾客。这些举措不仅为南京路商店带来了经济效益,也丰富了文化景观,使其成为上海不可或缺的历史遗产(图1-14至图1-18)。

图1-14　南京路广告灯牌　　图1-15　南京路POP MART 旗舰店

图1-16　上海置地广场　　图1-17　百事可乐广告体

图1-18　新世界城专柜陈列

### （7）商业街的发展与变迁

南京路商业街不断适应时代的变化，发展壮大：

① 商业街涌现出各种商场群体，包括大型商厦、名店和特色商店，提供了多样的购物选择。

② 随着城市的发展不断演进，商业街吸引了更多投资和游客（图1-19至图1-21）。

经过不断的努力，南京路已经发展出独特的商业文化。它不仅是上海最大的购物中心，还是一处旅游景点。自改革开放以来，南京路一直在不断发展壮大，新的商厦、宾馆如雨后春笋般涌现，与百年老店、名店、特色商店交相辉映。

南京路分为几个不同的区域，包括以旅馆、休闲和精品物为主的"海上情怀"区，以大众购物为主的"都市时尚"区，以及以文化娱乐为主的"明日之约"区。步行街的范围还在不断扩大。

### （8）商业街的现代发展

南京路商圈持续发展壮大，成为上海最大的购物中心之一：

① 商业街划分为不同区域，满足了不同消费需求。

② 南京路不仅是购物中心，也是旅游胜地，吸引了无数游客。

③ 商业街不断创新，引入各种新品牌和新商品，为购物者提供了丰富的购物体验。

南京路生动地展示了商业的繁荣程度与地区经济水平的关系，也反映出商业文化在城市社会生活和文明进程中扮演着重要角色。南京路的独特之处在于它既保持了传统，又不断创新，始终秉持改革创新的精神，兼容并蓄各种文化元素。因此，南京路的文化特质成为海派文化精神的真实体现，也成为中国近现代商业发展史上最具文化特质的一部分（图1-22、图1-23）。

图1-19　1917年开业的先施百货

图1-20　先施百货正门旧貌

图1-21　先施百货大楼

图1-22　NIKE上海001旗舰店

图1-23　南京路步行街夜景

### ▶▶ 2. 综合商业中心

综合商业中心是多功能城市建筑或地区，通常包含多种商业和娱乐设施，以满足人们的不同需求和兴趣。这些设施包括购物中心、餐饮场所、办公空间、酒店、电影院、文化艺术中心、娱乐场所、公共广场等。综合商业中心的设计旨在为居民和游客提供一站式的购物、娱乐、工作和休闲体验，使他们可以在同一地点完成多种活动，提高便利性和生活质量。

21世纪以后，新加坡的城市综合商业中心发展迅猛。政府制定了新加坡的城市发展目标，将其定位为全球性的商务中心，提升城市特色和城市生活水平。新加坡的中央商务区（CBD）陆续建成了高品质的商业综合体项目，包括双景坊、爱雍·乌节、JW万豪酒店等（图1-24至图1-27），这些项目不仅满足了商务、购物和娱乐需求，还提高了城市的服务性和文化效益。综合商业中心成为城市核心公共空间，推动城市的经济和文化交流。

综合商业中心注重与城市交通、广场、服务设施和绿色空间等公共服务单元的融合。其便捷的服务设施吸引了大量消费者，且同时设计了室内外开放空间，增强了建筑的城市服务性和文化效益。综合商业中心也在城市核心区域布局，充分利用城市的自然资源、城市公园、文化建筑和交通设施等，增强了建筑的城市属性，提高了城市区域的流动性和开放性。新加坡的综合商业中心不仅满足了购物和商务需求，还创造了沉浸式主题场景，强调了体验经济。这些综合商业中心通过主题化的布景方式创造了丰富的空间体验，吸引人们在其中消费、娱乐和参与活动。综合商业中心的空间布局也具有多样性，包括室内外中庭、内部广场和多层次的空间形态。

#### （1）从即时性到持久性的城市生活闭环

在考虑复合型城市空间的情况下，综合商业中心不再局限于满足购物、商务酒店和会展等即时性功能，而是构建以生活为导向的全面商业功能闭环。它扩展了建筑对城市居民生活需求的层次，服务人群的范围也进一步扩展至本地居民和游客，使空间成为文化交融的媒介。新加坡过去20年的综合商业中

图1-24 爱雍·乌节ION Orchard平面图

图1-25 爱雍·乌节ION Orchard外观

图1-26 爱雍·乌节ION Orchard中庭

图1-27 新加坡南岸JW万豪酒店

心以商务酒店为主导，以"住"为核心功能，辅以餐饮、会议、购物、交通、展览等多种复合衍生功能，最大程度地吸引和留住使用者，为消费者提供丰富的体验（图1-28至图1-30）。

### （2）以体验为核心的消费空间

体验是创造难以忘怀的经历，体验式消费指人们主动消费以满足心理需求的"体验"。这一概念将"体验"作为一种新的经济价值触点，为商品赋予了新的价值。体验式消费的整个过程旨在让人感到愉悦。

新加坡的综合商业中心建筑以丰富的体验空间为核心，形塑了以经济为主导的多样化体验。对于以购物中心为主的综合体，例如爱雍·乌节，其核心是中庭空间，通过组织各种店铺和购物休闲活动，吸引人流聚集在中庭。此外，与城市交通相连接的转换空间、入口大堂、庭院、边庭和内广场等不同功能和形式的空间通过步行街相连，形成了立体流动的购物空间系统。商业活动、展览展示等多种形式的介入使购物中心成为休闲娱乐体验的核心，从而增强了消费的欲望。

对于以写字楼或酒店功能为主的商务综合体，将购物式中庭转化为高端餐饮或艺术空间，通常融入花园和室外风景，以满足日常人流的聚集和一定的生活需求。在这些空间中，内街通常会被直线、折线或弧线划分，内街中间植入多个中庭，形成空间节点。这些室内或半室外的中庭空间创造了多样的空间形态，将各种空间连接起来，形成了活跃的公共空间，成为现代商业综合体的主流形式。例如，双景坊、万豪酒店和皮克林宾乐雅酒店，将购物集合区域转化为餐饮、娱乐等生活性消费空间，并与花园景观有机融合，丰富了酒店空间的层次，提升了舒适度，充分体现了商业综合体"体验式消费"精神（图1-31）。

### （3）沉浸式主题场景

随着人们对城市生活需求的日益多元化，城市建筑中的"布景化""沉浸式"和"主题性"空间已不再被视为"装饰的滥用"。通过引入主题化的布景

图1-28 双景坊DUO / 图片来源：Iwan Baan

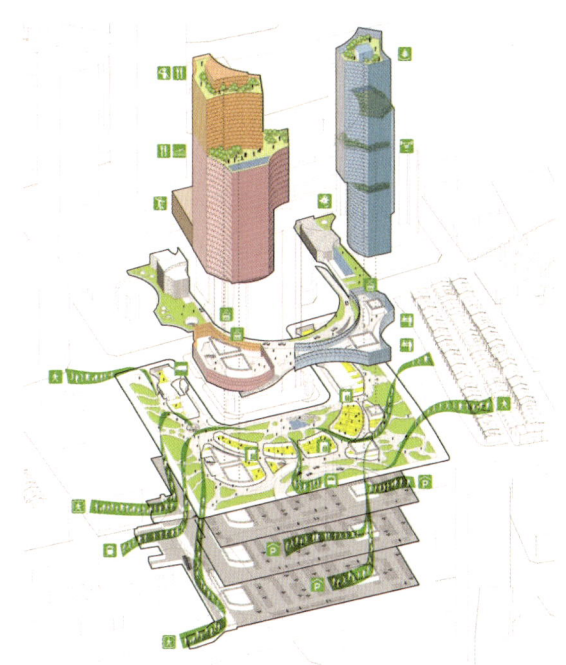

图1-29 双景坊DUO城市功能联结

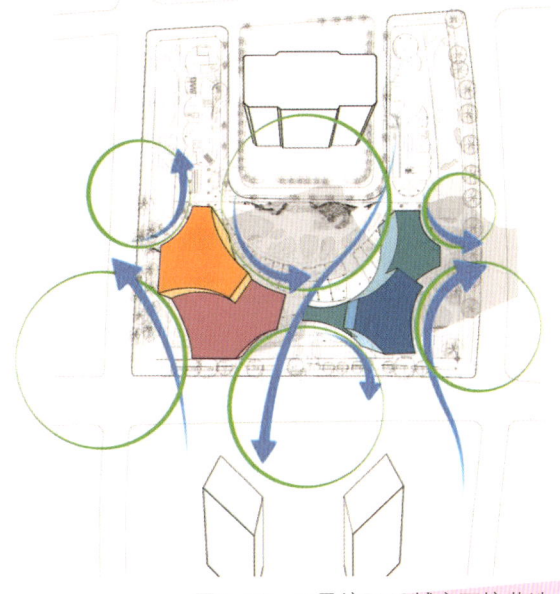

图1-30 双景坊DUO城市环境营造

手法，可以创造更加丰富的空间体验。这种思路最早可追溯到20世纪末，乔恩·捷得（Jon Jerde）设计的洛杉矶环球影城步行街（Universal City Walk）（图1-32）。他开创性地将购物中心的室内环境转化成室外的街道，同时将街边店铺以夸张的方式设计成各种传统欧洲历史时期和主题的建筑风格，创造出一个外观多样且富有趣味的内街，为游客提供了介于购物街和主题公园之间的独特体验。这一创新将跨越时空的主题场景引入现代都市，引发视觉和感官上的冲突与刺激，增强沉浸式体验，进而促进消费。

这种设计风格后来传入亚洲地区，例如日本的难波公园（Namba Park）（图1-33）和新加坡的星耀樟宜机场（Jewel Changi Airport）（图1-34）。前者以自然为主题，打造了城市中的室外绿色乐园，而后者则开创了植物主题的大型室内中庭。这些项目进一步展示了主题性场景在城市空间中的创新应用，为居民和游客提供了与自然亲近的沉浸式的体验。

这些举措表明，新加坡的综合商业中心在城市发展中发挥了重要作用，不仅为经济带来效益，还丰富了城市生活和文化。综合商业中心的未来发展将进一步提高城市的韧性，使城市更具活力。

▶▶ 3. 品牌商业展示

品牌设计，作为精准品牌定位的核心，涵盖了品牌命名和品牌形象设计等关键元素。品牌设计被视为一项系统性工程，其主要任务是以品牌战略为引导，通过设计的力量，将品牌的文化与价值从抽象的层面具体呈现出来，以强化品牌之间的差异性。这样的设计可使消费者迅速辨识品牌，并在心中留下独特的印象，从而进一步传递品牌理念、展现品牌精神，提高品牌的价值。

品牌商业空间设计以品牌设计为核心，是空间设计的一个关键领域。在同一商业环境中，在竞争激烈的市场中脱颖而出是品牌差异化的重要问题。品牌商业空间设计被认为是解决这一问题的必备工具。有效的品牌空间设计有助于排除竞争者的干扰，吸引消费者的注意，从而推动消费行为。品牌空间设

图1-31　皮克林宾乐雅酒店

图1-32　洛杉矶环球影城步行街

图1-33　日本难波公园

图1-34　星耀樟宜机场

计建立在满足基本功能性需求的基础上,通过概念创意、设计主题和设计风格等方面的精心构思,着重强化空间的品牌辨识度、功能性和美学体验,从而深化对品牌的理解,提升企业的品牌形象(图1-35至图1-37)。

根据不同的功能定位,品牌商业空间可分为概念店、旗舰店和标准店。其中,旗舰店是品牌在关键市场建立黄金零售点、提升品牌形象的最佳选择,其选址规划、规模体量、设计风格等因素都至关重要。以华为全球最大旗舰店为例,该店位于上海著名的南京东路商圈,拥有超过5,000m²的经营面积,分为三层,包括产品展示、华为社区、全场景体验和多功能体验区(图1-38、图1-39)。华为社区以"城市客厅"为主题,体现了华为"连接未来"的愿景。设计理念基于历史、未来和社区三大元素,以及它们之间的互动关系。在保留历史遗产的基础上,让人们感受与未来的联系,通过融合材料,将科技与自然有机结合。这个空间使人们能够洞察未来,形成品牌社群的核心。

商业展示空间的布局、流线、色彩、光影和陈列等多个因素都在营造空间氛围方面发挥着不可或缺的作用。商业空间设计中的感官、情感和互动体验扮演着关键角色。这些经验因素对品牌建设和顾客留存至关重要。

## (1)感官体验

感官体验包括视觉、味觉、嗅觉、听觉和触觉,这些感官在商业空间中扮演着重要的角色。品牌商品通过感官体验传递信息,建立情感联系。商业空间的设计应当注重这些方面,如空间的形状、色彩和材质,它们都对消费者的感官产生深远的影响。购物环境与视觉、嗅觉和听觉密切相关。

图1-36 爱马仕香港太子大厦旗舰店室内

图1-37 爱马仕香港太子大厦旗舰店室内楼梯

图1-38 华为上海全球旗舰店产品展示

图1-35 爱马仕香港太子大厦旗舰店外观

图1-39 华为社区"城市客厅"

始祖鸟北大湖店巧妙运用色彩、肌理和光线等元素，引入冰川、炉火等自然元素，突显了感官体验在商业空间设计中的关键作用，呈现出与品牌理念相契合的独特感官体验，强化了品牌形象（图1-40至图1-43）。

### （2）情感体验

情感体验是指消费者在商业环境中受氛围影响而产生的心理活动。随着科技和生产力的不断进步，消费者从单纯的物质需求演变为精神和情感满足的需求。消费者到品牌专卖店不仅为了满足购物需求，还期望在愉悦和轻松的氛围中放松身心。因此，商业空间设计应着重创造和谐、轻松和温馨的氛围，以体现品牌的友好性。

I Do武汉艺术家店的设计展现了艺术、建筑和技术的卓越融合，创造了一个沉浸式情感体验的新典范。从外立面到室内，设计师展现了不同学科之间的协同与融合，将艺术、建筑和技术元素巧妙地交织在一起。如与艺术家岳敏君合作的"太平有象"艺术装置，其高度结构化的晶格设计与细胞生物学和钻石原子结构的启发相结合，展现了符号化元素与制造技术的完美统一。I Do武汉艺术家店让顾客能够在这一独特的洞穴空间中放松和感受艺术的魅力。顾客可以将"太平有象"视为对未来的思索和期许，从而在这个前瞻性的艺术空间中获得灵感和欢乐（图1-44至图1-48）。

图1-41　始祖鸟北大湖店室内冰川装置

图1-42　始祖鸟北大湖店室内炉火装置

图1-40　始祖鸟北大湖店外观

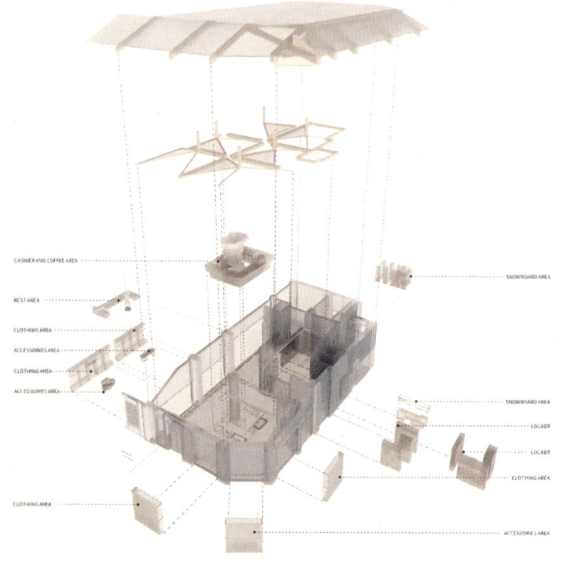

图1-43　始祖鸟北大湖店室内空间爆炸图

图1-44　IDO武汉艺术家店外立面
图片来源：大丑空间摄影

图1-45　IDO武汉艺术家店一层空间

图1-46　IDO武汉艺术家店二层空间

图1-47　IDO武汉艺术家店展柜

当今的设计越来越关注消费者的情感。消费者对品牌的满意度和忠诚度在很大程度上取决于品牌情感的传达。品牌的个性和拟人特征也深刻地影响着消费者对品牌的忠诚度。因此，设计师需要从不同情境中寻找灵感，为品牌专卖店设计提供多层次的情感体验，以吸引消费者的关注。

### （3）互动体验

品牌专卖店的互动性设计包括品牌、消费者、产品和员工之间的多层次互动。通过特殊的艺术陈列和创造性活动，互动体验设计增强了空间与人之间的交流。商业空间设计的最终目标是创建一个满足消费者精神和物质需求的场所。

互动体验设计强调消费者在专卖店中的参与感，使他们在试用和体验产品的过程中更好地理解产品和品牌的文化内涵。这种设计首先要进行用户分析，了解不同用户群体的行为习惯和喜好。此外，随着科技的不断发展，新材料和新技术也应用于专卖店设计中，如电子试衣镜和交互式影片等高科技手段，这些创新体验能够产生令人惊喜的效果，在消费者心中留下深刻印象（图1-49、图1-50）。

CT.LAB为宜家家居床上用品设计的新零售空间展示了互动体验的崭新概念。通过投影互动和睡眠空间的精妙展示，该空间将消费者引入舒适、宁静和自然的情境。床上用品展示通过不同的互动点，生动地呈现了产品特点，吸引消费者的好奇心，加深他们对产品品质和舒适性的了解。这个案例强调了专卖店的互动体验对品牌和消费者的联系至关重要，提供了一条吸引消费者的独特途径，以及如何

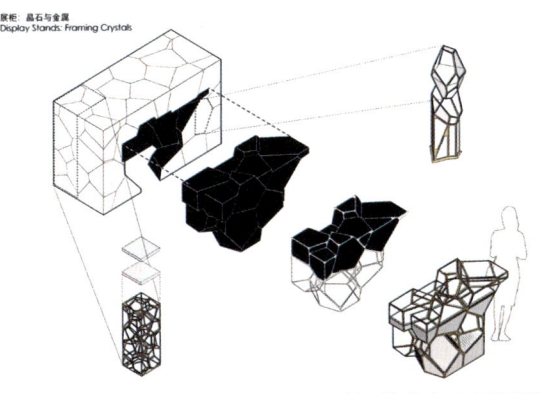

图1-48　IDO武汉艺术家店展柜形态

图1-49　虚拟现实电子试衣镜

图1-50　互动零售体验 数字美甲

在新零售时代突显品牌个性和独特调性（图1-51）。

品牌专卖店的竞争力决定了其能否在同类产品中脱颖而出，因此必须让消费者融入体验，感受品牌的特质。出色的专卖店设计不仅能展现品牌的风格，还能塑造城市风貌，将品牌文化和服务融入消费者的参与和互动中（图1-52）。

图1-51　宜家家居新零售空间展示互动装置

图1-52　Glade品牌香水互动体验

## 第二节　商业概念与空间设计

在开展商业空间设计时，需要进行基础理论的适当准备，如了解商业的相关概念，掌握空间设计的基本知识。本节展开对商业、商品、消费、经销、空间等概念和知识的适度描述，为下一章的课题训练储备知识和提升认知。

### ▶▶ 1. 商业关系

商品是用于交换的、对他人或社会有用的劳动产品。狭义的商品仅指符合定义的有形产品；广义的商品除了是有形的产品外，还是无形的服务，比如"保险产品""金融产品"等。

商业就是买卖关系。广义的商业，指以营利为目的，直接或间接将金钱、商品或劳务供给他人，以满足其需求的一切商业行为，包括零售业、批发业、餐饮业、运输业、仓储业、金融业、保险业、工商服务业等。狭义的商业，指以营利为目的，直接或间接向制造商或经销商购进商品，不再加工，直接进行转售的商业行为，包括批发业、零售业。商业归根结底就是买卖交换。随着生产力的发展，商业也由赶集成为集贸，由流动的时空发展到特定的时空，而商业空间也就可理解为上述活动过程中所需的各类空间形式。

商业活动不同于传统意义上的流通过程，它注重销售和消费这个供给和需求相互作用的层面，不但包括各种商业业态的区位、规模、商品种类、经营方式、组织方式、促销手段和创新能力等，同时，还将消费者的年龄结构、民族特点、社会阶层属性、收入水平、购买力、消费偏好、出行方式等作为重要的研究对象。

商业业态是商业活动研究的重要内容，是商业的经营形式与状态。它是针对某一目标市场，体现经营者意向与决策的商店，其内容包括商业设施及其区位与规模、商品配送销售服务等。需要说明的是，商业业态所对应的商店既可以是有形的实体商店，也可以是无形的虚拟商店（virtual store）；既反映商店的形态和形象，又与细分的目标客源市场相对应。不同业态的商业企业具有不同的市场定位与地理定位，区位选择的结果形成了特定的商业空间结构。

### ▶▶ 2. 消费方式

在一定社会经济条件下，消费者同消费资料相结合的方式即消费方式，包括消费者以什么身份、采用什么形式、运用什么方法来消费消费资料，以满足其需要。消费方式是生活方式的重要内容之一。

广义的生活方式是人们生存和活动的方式；狭义的生活方式是人们与消费资料结合的方式，即消费方式。

消费方式由生产方式决定，生产方式的社会性质决定消费方式的社会性质；生产方式的自然形式决定消费方式的自然形式；生产方式发生改变，消费方式也要相应改变。消费方式反作用于生产方式，与生产方式相适应的消费方式，为生产开拓市场，促进生产力的发展和生产关系的完善。落后或超越生产方式的消费方式，会妨碍生产力的发展，破坏或损害生产关系的进步和完善。

随着科学技术的进步和生产力的发展，消费方式也日趋发展，如方便食品、家用电器、现代交通信息工具的出现，又创造了前所未有的消费方式，改变着人们以前的消费方式。

### ▶▶ 3. 消费者群体

群体或社会群体，是指两人或两人以上通过一定的社会关系结合起来进行共同活动而产生相互作用的集体。群体规模可以比较大，如几十人组成的班级；也可以比较小，如经常一起逛街的两个好朋友。具有某种共同特征的若干消费者组成的集合体就是消费者群体。凡是具有同一特征的消费者会表现出相同或相近的消费心理行为，因为同一群体成员之间一般经常接触和互动，从而能够相互影响。

社会成员构成一个群体，应具备以下基本条件和特征：a. 群体成员需以一定纽带联系起来。如以血缘为纽带组成的家庭，以工作为纽带组成的职业群体。b. 群体成员之间有共同目标和持续的交往。如电影院里的观众就不能称为群体，因为他们是偶然和临时性的聚集，缺乏持续的交往。c. 群体成员有共同的群体意识和规范。在现实生活中，人们会发现许多消费者尽管在年龄、性别、职业、收入等方面具有相似的条件，但表现出来的购买行为并不相同。这种差别往往由心理因素的差异造成，可以作为群体划分依据的心理因素是生活方式。

消费者群体的划分依靠纵向和横向两个维度。纵向代表资源，包含收入、教育、自信、健康、购买欲望、智商和能力等。横向代表以下三种行为导向类型：a. 原则导向型，消费者的行为主要受自己的世界观和价值观的指导；b. 地位导向型，消费者行为主要受其他人的行为和意见的指引；c. 行动导向型，消费者自身的消费经历和体验指导消费行为。由此，将消费者划分为以下几种类型。

① 实现者。这类消费者拥有丰厚的收入，较高的地位，强烈的自尊，丰富的资源，这使得他们在大多数情况下可以随心所欲地消费。他们位于高层，对他们来说，个人形象非常重要，因为这显示了他们的品位和个性。这类消费群体喜欢挑选名贵和个性化的产品。

② 尽职者。这类消费群体在原则型消费群体中拥有丰富的资源。他们受过良好的教育，成熟且有责任心。他们闲暇时间大多待在家里，但却很关注时事，了解各种信息和社会变化。他们虽然收入颇丰，但却持有实用主义的消费观念。

③ 信任者。在原则型消费群体中，这类消费群体拥有较少的资源。他们思想保守，喜欢本国本地的品牌和产品。他们的生活围绕着家庭、社区和国家，拥有中等收入的水平。

④ 成就者。这类消费者在地位导向性消费者中拥有较多的资源。他们事业成功，家庭幸福，在政治上比较保守，尊重权威和地位。他们常会选择同伴评价很高的产品和服务。

⑤ 争取者。这类消费者在地位导向型消费者中拥有较少的资源。他们的价值观与成就者相似，但收入较低，地位较低。他们试图模仿所尊重和喜爱人的消费行为。

⑥ 实践者。这类消费者在行动导向型消费者中拥有较多的资源。他们是年轻的群体，精力充沛，喜爱各类体育活动，积极从事各种社会活动。他们在服装、快餐、音乐以及其他一些年轻人所喜爱的产品上不惜钱财，尤其热衷于新颖的产品和服务。

⑦ 制造者。这类消费者在行动导向型消费者中拥有较少的资源。他们讲究实际，只关注与自己息息相关的事务——家庭、工作和娱乐，而对其他一切毫无兴趣。作为消费者，他们更倾向实用功能型产品。

⑧ 谋生者。这类消费者收入较低，他们生活在底层，拥有较少的资源，为满足基本生活需要而奋斗。他们是年龄较大的群体，在能力范围内，他们忠诚于自己喜爱的品牌。

## ▶▶ 4. 营运主体

商业营运主体是经销商，即在某一区域和领域只拥有销售或服务的单位或个人。经销商具有独立的经营机构，拥有商品的所有权（买断制造商的产品/服务），获得经营利润，多品种经营，经营活动过程不受或很少受供货商限制，与供货商责权对等。

经销商作为从企业到终端零售商的销售渠道链里的一个重要的环节，在市场中有着重要的作用，且经销商获得的市场信息最多。经销商这个在中国市场上既传统又中坚的渠道力量，正在遭遇渠道扁平化浪潮和新生渠道力量的考验。在重重压力下，经销商或被动或主动地在业务发展战略上作出适应性调整。

① 部分经销商开始向生产商贴牌甚至自行投资建厂生产自有品牌产品，使渠道资源效益发挥最大化。

② 部分经销商开始进入零售领域，向渠道下游延伸，稳定并巩固自身在市场中的地位。

③ 最大化获取优势产品资源，以产品分担经营成本和经营风险，追求企业经营的品类规模。

批发商，是指向制造商或经销单位购进商品，供给其他单位（如零售商）进行转卖或供给制造商进行加工制造产品的中间商。按照不同的标准，批发商可分为以下几种类型：完全服务批发商和有限服务批发商，专业批发商、综合批发商和批发市场，农副产品批发商和工业品批发商等。

零售商，是指把商品直接销售给终端消费者，以供应消费者个人或家庭消费的中间商。零售商处在商品流通的最终环节，直接为广大消费者服务。国内外的零售商根据其经营特征可分为如下几种类型：专业商店、百货公司（或商场）、超级市场、购物中心、连锁店、邮购商店等。

### ▶▶ 5. 商业空间

商业空间，在宏观结构上指商业各要素之间的关系。从各种商业业态在一定空间地域上的表现形式看，它包括商业各业态和业种在地域上的分异布局。微观上，商业空间也指商业内部购物环境和商品的布置等。商业空间基本上是人、物及空间三者之间的相对关系。人与空间的关系，在于空间提供了人活动的空间；人与物的关系，则是人与物的交流空间；而空间提供了物的放置场所，多数"物"的组合构成了空间。人是流动的，空间是固定的，因此，商业空间是以"人"为中心所审视的"物"与"空间"的关系。

现代的商业空间充满活力和动感，它随着风云变化的社会潮流不断更新，具有综合性和多样性的特点。它主要的业态有百货商场、商业街、专卖店、便利店、超级市场以及购物中心等。随着经济的发展，人们的生活水平不断提高，消费模式也有了一定的变化。原来人们的消费满足于方便、实在、物美价廉，往往忽视购物环境的改善。传统的百货商场、超市、大卖场仅仅提供购物的需求，满足不了一站式的消费模式。人们现在需要的是集餐饮、购物、休闲、娱乐于一体的消费模式，而且购物环境要十分优越、宽敞。

商业空间的特征有以下几点。

① 商业空间是流动的空间。由于各种室内空间的功能不同，停留的时间长短不一，因此形成了人与空间的不同关系。商业空间是顾客停留时间较短的场所，蕴含着人的"流动"意识，"流动"是商业空间的主要特征。人们进入商店进行不同的购物选择，在商业空间里形成一种动的旋律，人与空间共同构成了四维空间的韵律。人不仅在空间环境中流动，还支配着空间布置，决定着走道宽度、柜台宽度及商业环境整体的交通流线设计。商业空间应突出人、表现人、衬托人，创造一个属于人的空间。

② 商业空间是展示的空间。商业空间只有通过一定的展示，才能体现它的精神面貌。要使顾客对商店有所了解，就必须通过商品的展台、展示牌、展板甚至模特的表演来激发顾客的购买兴趣，促进购买欲望，增加购买信心。商品的展示通过有秩序、有目的、有选择的手段来进行，一个好的展示空间设计会给顾客留下美好的印象。而杂乱无章的商业空间视觉形象，则让人产生烦闷、注意力分散、不愿留步的感觉。

商业展示空间的设计受许多因素的制约。开展商业展示空间设计时，要研究人与人的互动关系及顾客视线移动时的生动效果；加强人与空间环境的关系，创造展示空间戏剧性；除一般的展示设计外，注意重点展示空间的设计，使人在心理上对商品产生持续"注意"，而且要与周围的展示设计相呼应。在当今社会中，消费文化是时代的象征和标志，应不断创造出适应顾客心理、具有新艺术潮流的展示空间设计。

③ 商业空间是变化的空间。在日常生活中人们喜欢有亲切感的空间，这在公共场所中尤为突出。有亲切感的空间使人情绪安静稳定，变换的空间使人因新奇感而减少疲劳感。商业空间的变换通过分隔与联系的手法展开，如利用柜架设备水平方向划分空间。这种划分形式使空间隔而不断，有着明显的空间连续性，室内分隔灵活自由，根据每组商品特

点分隔区域，使整个商业空间富于变化。商业环境除采取分隔与联系的手法外，还可通过营业厅柜台平面组合形式加以变化。柜台平面组合形式主要有直线类、对称类、围合类、环绕类、向心类几种形式。顾客以柜台为中心，既有向心的意识，又有向外的意识，同时，与其他柜台和货架又有通道的关系。处理好柜台与周围环境的关系以及整体商业环境各功能不同空间的划分至关重要。

在商业环境中，色彩的变化也可以改变商业空间的形象，同样一种商品，用不同色彩的衬景陈列，给人的感受也不相同。衬景就是商品放置的四壁、橱窗的后壁、陈列架、柜台的各个平面等。运用色彩对比可突出商品，如有商品的色彩是多种多样的，那么其衬景应当用白色或中性色调；相反，若衬景是五颜六色的，陈列的商品则应是白色或中性色调的。总之，商业环境只有通过不断的变化，才能增加顾客的新奇感，使顾客在购买的过程中得到心理上的满足。

④ 商业空间是信息的空间。在高度信息化的时代，信息对人们至关重要。人们走进商店通过购物获得更多的信息，如了解新产品的使用方法以及新产品对现代生活的作用。商店可通过先进的电脑控制系统，使顾客了解新产品开发、产品市场价格等情况，为消费者与厂商提供准确的信息。因此，可在商业环境中设置一些大型的电子屏幕，向顾客传递新产品信息。它直观、明了、形象逼真，激发顾客的潜在购买欲，影响人们的购买决策，促进消费意识的改变，同时对环境气氛也起着一定的烘托作用。现代商业环境的变化使经营者不断改变经营方式和对策，把当今世界的最新商品信息传递给顾客，使人们在从事商业活动的同时，充分享受现代文明所带来的精神享受。

### ▶▶▶ 6. 建筑空间设计

#### （1）空间设计

空间设计是所有与商业活动有关的空间形态设计。狭义上可以理解为：当前社会商业活动中的空间设计，即实现商品交换、满足消费者需求、实现商品流通的空间环境设计。然而随着时代的发展，在进行现代商业空间设计时，应充分考虑商业环境的四大空间特征。同时，也不可忽视"为人服务"这一基本宗旨。设计者应站在消费者的立场，创造一个以人为主体、高度文明、具有综合性生活机能的现代商业空间。

#### （2）建筑物的分类

建筑的分类有多种，按民用建筑的使用功能可分居住建筑和公共建筑等；按建筑层数可分低层建筑、多层建筑、高层建筑等；按建筑的修建和规模可分大量性建筑、大型性建筑等；按建筑的耐久年限可分一级建筑、二级建筑、三级建筑、四级建筑等；按建筑的结构可分砖混结构、框架结构和轻钢结构等。

#### （3）空间涉及的范围

广义的商业空间不仅涉及商场购物空间、餐饮餐馆空间、休闲娱乐空间，还有服务修理等相关服务空间。这四部分内容具体信息如图1-53，本书所讨论的商业空间主要为商场购物空间，重点在商业零售空间的设计。

#### （4）空间的功能分区

现代商业空间的功能不仅是商业性，还有服务性、

图1-53　商业空间范围示意图 / 依据周昕涛《商业空间设计》的资料绘制

娱乐性、文化性、饮食性等。商业空间设计的目的是合理的功能、完善的设施和服务，从而达到销售商品、促进消费的目的。从空间和服务性质的关系上看，空间有直接营业区、间接营业区，或叫引导区、商场区。引导区有外立面、入口、展示橱窗等，商场区有销售设施、服务性设施等，还有商品的贮藏、配货、内部管理等区域，甚至有更多功能，各功能分区基本关系如图 1-54 所示。

### （5）消费心理与购物环境

在进行商业空间设计时，深刻理解和考虑人们的消费心理活动对创造成功的商业空间至关重要。了解这些心理过程能够帮助设计师更好地满足顾客的需求，创造出引人入胜的购物体验。

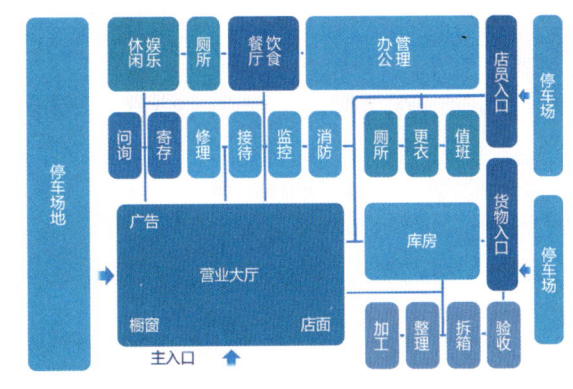

图1-54 商场（购物中心）功能配置示意图／依据周昕涛《商业空间设计》的资料绘制

① 消费心理：认知、情感、意愿。

认知过程：购物的认知过程包括对商品本身和空间环境的感知和评估。消费者在商业空间内对商品进行观察和分析，判断其是否符合需求。设计师应当关注商品展示的布局、陈列和可视性，以确保商品具有吸引力并被充分展示出其特点。

情感过程：这一过程包括消费者的情感体验，涉及对商品和购物环境的感受。购物空间的美观性、舒适性以及情感体验性对消费者的吸引力至关重要。设计师需要创造一个令人愉悦和舒适的环境，以促进积极的情感体验。

意愿过程：在此过程中，消费者明确了购买的意愿和目的。商业空间的布局和导航对于帮助消费者明确目标非常重要。清晰的标识、易于找到的产品和购物便捷性都可以增强购物者的决策意愿。

② 购物环境要求。购物环境在满足消费者需求方面扮演着关键角色。以下是一些常见的购物环境要求。

舒适性和美观性：购物空间应当提供令人舒适和愉悦的氛围，以吸引消费者在其中停留。温暖的照明、合适的温度和室内绿植可以提高舒适度，而美学设计则可以增加吸引力。

安全性：消费者希望在购物时感到安全。这包括维护空间的整洁和安全，确保货架和展示架不会倒塌，以及提供紧急出口等。

方便性：购物环境应便于消费者找到他们所需的商品，提供购物车或购物篮，并确保通道畅通无阻。清晰的标识和导航也有助于提高方便性。

可选择性：购物者希望有多样化的选择。商业空间应提供各种不同类型的商品，以满足不同消费者的需求。

标识性：购物空间的标识和品牌识别应清晰明了。消费者可轻松识别并记住商店的标志和特征。

## 第三节　商业业态与空间形态

现代商业业态，是指针对特定消费者的特定需要，按照一定的战略目标，有选择地运用商品经营结构、店铺位置、店铺规模、店铺形态、价格政策、销售方式、销售服务等经营手段，提供销售和服务的类型化经营形态。

随着时代和商业本身的发展，现代商业先后出现百货店、邮购店、超级市场、购物中心、商业街、量贩店（GMS）、便利店、专卖店、网店等形态，按建筑规模和空间形式可分为商业街区、购物中心、超级市场、百货商场、专卖店、便利商店（小超市）、商摊、网店等，下面展开详细介绍。

▶▶ 1. 商摊

商摊是指城市道路两边、公共广场等场所的零散销售点，这些商摊有时也被称为商贩、地摊、小贩、摊贩等。"摊"字主要是存放、出售、陈列或展示商品的临时构筑物，小零售商用的通常是露天的小构筑物，如路边水果摊等（图1-55）。

街头零散商摊，根据经营内容可分为饮食类、书报类、百货日杂类、修理类等；根据经营场所可分为固定类、半固定类、流动类等；根据分布密度可分为单个、小规模聚集、大规模聚集等。当零散商摊聚集到一定程度时会自动形成固定市场，性质也会发生改变。街头零散商摊是中国城市的普遍生活现象，它们是城市空间中十分活跃的因素，也是城市生活的一部分（图1-56）。

街头零散商摊空间是城市公共空间中本源性的"游牧空间"，是城市生活空间的有机组成部分，也是城市基本功能的灵活性补充、城市公共空间中各阶层的群体交流互动的地点、部分群体立足并走向社会的原创空间。其空间特征如下。

① 呈现离散节点化分布，成簇地分布在路口、门道、街市和广场等关键点。

② 当地化的公共空间，与周围街区有一定的熟识关系；经营服务活动是与周围市民日常生活密切相关的；商摊空间的布置、色彩和形象也很当地化。

③ 时间和空间上的灵活化，根据季节、时间的脉搏，在城市中流动。

图1-55　路边水果摊

图1-56　城市中的流动餐车

④ 富有人性化特征，使人与人面对面地交往，富有人情味，具有人性化的尺度空间布置。

### ▶▶ 2. 便利商店（小超市）

便利商店是以满足顾客便利性需求为主要目的的零售业态（图1-57至图1-61），一般是简单购物和应急之需，具有距离、购物、时间、服务的便利性。由于以开架自选为主，类似超市形式，也称"小超市"，基本特点如下。

① 选址在住宅区、主干线公路边以及车站、医院、娱乐场所、机关、团体、企业事业所在地周边。

② 商店营业面积在100m²左右，营业面积利用率高。

③ 居民徒步5~7分钟可达，80%的顾客为有目的地购买。

④ 商品结构以速食、饮料、小百货为主，有即时消费性、小容量、应急性等特点。

⑤ 营业时间长，一般在10小时以上，甚至24小时，终年无休日。

⑥ 以开架自选货为主，结算在收银机处统一进行。

图1-60 森多便利店

图1-57 零售便利店商品陈设

图1-58 Today便利店　　图1-59 小森便利店

图1-61 奈可便利店

## 3. 专卖店和专业商店

专卖店是一种零售商店或商业场所，它专门销售特定品牌或类型的商品。这些店铺通常由品牌的制造商或授权的代理商经营，旨在为顾客提供一个专注于某一品牌或类别产品的购物体验。专卖店通常设计精致，以突出展示特定品牌的产品，并提供相关的专业知识和服务，以吸引、满足和留住该品牌的忠实消费者（图1-62至图1-64）。

专卖店的目标是为品牌建立更强大的市场存在感，强化品牌忠诚度，提高产品的可见度和认知度。它们通常销售一系列品牌相关的商品，包括服装、鞋类、珠宝、化妆品、电子设备、家居用品等。专卖店也常常提供与品牌直接互动的机会，允许顾客近距离了解品牌的历史、价值和特点。

图1-62　中国李宁专卖店外立面 / 无锡恒隆广场

### （1）专卖店的特点

① 专注性：专卖店专注于特定品牌或类别的商品，以满足特定类型的顾客的需求。

② 品牌互动：它们提供了与品牌互动的机会，允许顾客更深入地了解品牌的故事和产品。

③ 专业知识：员工通常受过培训，拥有关于产品和品牌的专业知识，以向顾客提供专业的建议和帮助。

图1-63　中国李宁专卖店内空间1 / 无锡恒隆广场

④ 品牌识别：专卖店的装修和陈列通常与品牌的标志和识别要素一致，以强化品牌形象。

⑤ 售后服务：专卖店通常提供售后服务，如维修、换货、退货等。

总之，专卖店是品牌营销和零售战略的一部分，通过提供专业的购物环境，吸引目标消费者，强化品牌忠诚度，并提高销售额。

### （2）专卖店展示设计的要点

专卖店的展示设计至关重要，因为它直接影响顾客的购物体验和销售效果。以下是一些突出专卖店展

图1-64　中国李宁专卖店内空间2 / 无锡恒隆广场

示设计的要点：

① 品牌识别：展示设计应该突出品牌的标志和识别要素，以增强品牌的可见度和认知度。品牌的颜色、标志、字体和标志性设计元素应该在展示中得到体现（图1-65、图1-66）。

② 精致的陈列：展示区域应该设计得精致而有吸引力，突出产品的特点。商品应该整齐摆放，陈列应该有层次感，以吸引顾客的目光。

③ 产品突出：突出某些特定的产品或系列，以便顾客更容易发现和购买。这些产品通常是品牌的明星产品或畅销品。

④ 照明：适当的照明是关键，可以突出产品的质感和细节。光线应均匀分布，以避免阴影和过度反射。使用温暖而舒适的照明效果，以提升购物体验。

⑤ 清晰的标签和价格：商品陈列区域应有清晰可读的标签，包括产品名称、价格和重要特性等。这可以帮助顾客理解产品，做出购买决策。

⑥ 卖点突出：展示设计应强调产品的独特卖点和价值主张。这可以通过文字、图像和互动元素来实现。

⑦ 交互式元素：提供一些交互式元素，如试穿区域、试用产品、数字显示屏等，以增强顾客的参与感和体验感。

⑧ 季节和主题变化：根据季节、节日或特殊主题，调整展示设计，以吸引更多的顾客。季节性的装饰和主题化的陈列可以增加趣味性和吸引力。

⑨ 整洁和维护：保持展示区域的整洁和干净，确保商品摆放整齐，标签清晰可读，以提供愉快的购物环境。

⑩ 适应性：考虑到不同类型的产品和不同类型的顾客，展示设计应该具有适应性。不同品类的商品需要不同的展示方法。

图1-65　宝格丽专卖店/伊斯坦布尔机场

图1-66　劳力士专卖店/新加坡滨海广场购物中心

总之，专卖店的展示设计应该与品牌形象一致，突出产品特点，提供愉快的购物体验，并鼓励顾客与产品互动。通过巧妙的设计，吸引更多的顾客，提高销售效果，并强化品牌忠诚度。

（3）专业商店的概念与特点

专业商店，是指专门经营某一门类商品且具有专业知识的销售人员和适当的售后服务，满足消费者对该类商品选择需求的零售业态（图1-67至图1-69）。如专营电器、建材用品、家私、礼品等商店，这些商店与专卖店不同，因为它销售的不是自属品牌；也不同于百货公司，因为它经营的不是综合类商品。专业商店专门致力于销售某一特定领

图1-67　DICK'S Sporting Goods 运动用品专业商店

图1-68　电器专业商店

图1-69　家具专业商店

域、行业或类型的产品。这些商店通常以其深厚的产品知识和专业服务而闻名，旨在满足特定领域的客户需求。以下是有关专业商店的一些特点。

① 专业领域：专业商店专注于特定领域或行业，如运动用品、户外装备、音乐乐器、烹饪用品、家居装饰、珠宝、自行车等。他们的产品范围通常局限于该领域内的各种产品。

② 专业知识：这些商店的员工通常接受过专门培训，具有该领域产品的深入知识。他们能够向客户提供有关产品特性、用途、维护和保养的专业建议。

③ 产品多样性：虽然专业商店专注于特定领域，但他们通常提供广泛的产品选择。例如，户外运动专业商店可能销售帐篷、睡袋、登山装备、骑行用品等。

④ 品牌和制造商：专业商店通常销售多个品牌和制造商的产品，以确保客户能够选择最符合需求和预算的产品。

⑤ 客户服务：这些商店注重客户服务和满足客户需求。员工通常能够回答客户的问题，提供产品演示，并提供售后支持。

⑥ 社区连接：专业商店通常与特定领域的社区和爱好者有牢固的联系。他们通过主办活动、研讨会或比赛，建立社区并与客户互动。

⑦ 专业体验：专业商店的设计和布局旨在提供愉悦的购物体验，精心设计产品陈列和展示，以吸引顾客并提供有关产品的详细信息。

总之，专业商店通过其专注的领域知识、多样的产品选择和专业服务，满足了特定领域或行业的客户需求，为他们提供高质量的购物和产品体验。专业商店在帮助客户做出购买决策和获得专业支持方面发挥关键作用。

专卖店与专业商店在城市的发展异常迅猛，逐渐成为与综合百货商场、超市并驾齐驱的一种商业业态。这些专卖店和专业商店以专业服务、销售服务一体化、连锁经营等优势，迅速分割了原有大型百货商店的市场份额。

▶▶ 4. 百货商场

百货商场（图1-70、图1-71）是指在一个大建筑物内，售卖多种货品的大型零售商店。百货商场通常位于城市中心或购物区，提供多种不同类型和

图1-70　上海第一百货商店　　　　　　　　　图1-71　巴黎老佛爷百货公司

种类的商品，包括但不限于时装、鞋类、家居用品、化妆品、珠宝、家具、厨房用具、玩具、书籍等。百货商场通常在大型多层楼房内运营，为顾客提供广泛的购物选择。

百货商场的主要特点有以下几点。

① 多样的商品：百货商场以提供多样化的商品种类而著名，从服饰鞋包、家居装饰到电子产品，从高档品牌到经济实惠的产品，应有尽有。

② 多层结构：百货商场通常建在多层楼房内，每一层楼通常以不同的商品类别或主题进行划分，使顾客可以轻松浏览和购物。

③ 品牌和制造商：百货商场通常销售多个品牌和制造商的产品，提供广泛的选择，以满足不同顾客的需求。

④ 购物体验：商场的设计和布局旨在提供愉悦的购物体验。商场通常包括咖啡厅、餐馆、儿童游乐区、试衣间等额外设施，以增加顾客在商场内的停留时间。

⑤ 促销和活动：商场通常会定期举办促销、特价活动、时装秀、展览和其他吸引顾客的活动，以提高客流量和销售额。

⑥ 服务台：百货商场通常设置客户服务台，协助顾客寻找商品、处理退货、提供礼品包装等。

⑦ 地理位置：百货商场通常位于城市的中心地带或购物区，方便顾客前来购物。

总之，百货商场是为了提供广泛的购物选择和愉悦的购物体验而设计的零售场所。它们汇聚了不同品类的商品，旨在满足顾客不同的需求，提供方便和多功能的购物场所。

1852年，世界上第一家百货商场Le Bon Marché在巴黎诞生（图1-72）。至第二次世界大战，西方百货商场经历了从成长到成熟期的发展，百货商场的定位是综合性的（图1-73）。

国内百货商场的主要经营模式有三种：自营、联营及租赁，其他模式在此基础上进行调整。

自营模式：传统的百货商场经营以对产品的进、销、调、存、结管理为主线，作为社会商品销售的主要渠道，一般占据城市中心位置，是原来城市商业的主体。

图1-72　巴黎Le Bon Marché百货商场

联营模式：这是我国现有百货业经营的主体模式，是指以招商的方式，引知名品牌进店，由各品牌生产商或者代理商分别负责具体品牌的日常经营，店方负责商店整体的营运管理，除收取与面积有关的场地使用费、物业管理费等固定费用外，同时推行保底抽成的结算办法。

租赁模式：收入来源于租金收入，通过引进各品牌生产商或代理商，不参与其经营管理，仅提供基础物业管理服务，收取租金。同自营和联营模式相比，租赁模式以单独物业所有者的身份收取租金，经营管理简单，但是利润较低。

由于各业态的激烈竞争，现代百货商场在经营模式上也在进行创新，新模式如买手模式、自营联营组合模式、连锁规模化、超百模式等（图1-74、图1-75）。

### ▶▶▶ 5. 超级市场

超级市场指采取自选销售方式，以销售食品、生鲜食品、副食品和生活用品为主，满足顾客生活需求的零售业态（图1-76至图1-79）。其特点有以下几点。

① 选址在居民区、交通要道、商业区。

② 以居民为主要销售对象，10分钟左右可到达。

③ 商店营业面积在1000m²左右。

④ 商品构成以购买频率高的商品为主。

⑤ 采取自选销售方式，出入口分设，结算由设在出口处的收银机统一进行。

⑥ 营业时间每天不低于11小时。

⑦ 有一定面积的停车场地。

超级市场于20世纪70年代初始于美国，并很快风靡世界，成为发达国家全新的商业形式。计算机管理降低了商品成本，并由柜台式售货发展成开架自选，让顾客购物更随心所欲，从而扩大了商业机能。这种机能的变革，使商业空间布局也相应发生

图1-73　Liberty百货商店／英国伦敦摄政街

图1-74　香港K11 MUSEA一尚门买手店

图1-75　香港K11 MUSEA一尚门买手店立面设计

变化，其功能区分更科学化。集中式收款台设在出口处，无形中增大了货场的面积。在这里最重要的是商品种类区分布的合理性、方便性。超级市场大致有以下几类。

一般的超级市场：除前场空间的合理划分外，后场加工设施也占据相当重要的空间，并与卖场相呼应。各种不同特色的店铺设置于外围，使超级市场更具特色，从而增加游乐性。

图1-76　Ole'精品超市

中小型自选商场：商业经营转化成灵活方便的小规模经营，并渗入居住小区和各类生活区，包括饭店、度假区等。这种简易的超级市场为人们起居购物提供了极大的方便，并日渐形成众多连锁经营的自选商店。

大型综合超市：采取自选销售方式，以销售大众化实用品为主，满足顾客一次性购足需求的零售业态。

图1-77　沃尔玛（Walmart）超市

仓储式商场：以经营生活资料为主的储销一体、低价销售、提供有限服务的零售业态（其中有的采取会员制形式，只为会员服务）。

#### ▶▶▶ 6. 商业购物中心

商业购物中心指企业有计划地开发、拥有、管理运营的各类零售业态、服务设施的集合体。其特点有以下几点。

图1-78　希腊皮莱亚Ergon Agora East超市1

① 由发起者有计划地开设布局，统一规划，店铺独立经营。

② 选址为中心商业区或毗邻城乡接合部的交通要道。

③ 内部以百货店或超级市场为核心店，与各类专业店、专卖店、快餐店等组合构成。

④ 设施豪华、店堂环境典雅、宽敞明亮，实行卖场租赁制。

⑤ 核心店的面积一般不超过购物中心面积的80%。

图1-79　希腊皮莱亚Ergon Agora East超市2

⑥ 服务功能齐全，集零售、餐饮、娱乐为一体。

⑦ 根据销售面积，设相应规模的停车场。

当商业文化进入20世纪以后，随着工业革命进程的加快，发达国家的城市逐渐形成了新的商业网。这些新型商业区与传统的商业街有着本质的区别：传统商业街一般集中在城市的繁荣地带，以诸多老字号商店为龙头慢慢演变而成。但由于城市人口的不断增多，汽车工业的迅猛发展，使得城市交通日渐拥挤，城市污染、地价上涨等诸多问题接踵而来，于是居民移居郊外。为了方便顾客，发展商有了更全面的筹划，将购物、饮食、娱乐等各类服务功能集中起来，并从建筑整体规划入手，建成了全新的商业区，它们往往由几栋建筑联合构成，形成购物中心建筑群。

购物中心，英文称为"Shopping Center"，在美国又叫"Mall"，通常邻近高速公路，所以必须拥有足够的停车面积。为了吸引顾客前来购物，购物中心还需要开阔的休闲区等。购物中心内的售货区有着不同的形式，一般分为开放区和封闭区（图1-80至图1-82）。

开放区：为了营造繁荣的市场气氛，会在入口大厅和每层的开敞区域设置大面积的开放式售货区，这些区域一般经营服饰鞋帽等常规货品。由于是开放型售货，相邻售货区之间利用通道或展架分割空间，顶棚照明也成了划分空间的关键元素，尤其是反光灯带的空间界定效果显著（图1-83至图1-85）。

开放区的功能布局需要考虑以下方面的因素。

① 宽敞的交通线路。穿行在开放区的人流较大，由于和主入口、公共区域邻近，所以必须留出足够的人流疏散面积，一般考虑5~8人并排穿行的距离，以每人80cm自由宽度为准，需要4~6m宽的交通线，每个货区内的交通尺度可以最小1m的距离灵活划分。

② 明显的购物导向。集中安排的货区很容易让顾客迷路，为了方便顾客，应该在入口处设置明显的货区分布示意图，并在通道和各货区设置导向标牌，也可以通过地面材质的变化引导顾客行进。

图1-80　查斯顿购物中心1 / 澳大利亚 墨尔本

图1-81　查斯顿购物中心2 / 澳大利亚 墨尔本

图1-82　迪拜购物中心时尚大道

③ 充足的光照度。一般开放区的顶棚高度在3~5m，明亮的店面形象是很重要的商场条件。购物中心的大厅正常光照度一般在500~1000lx。普通照明设备主要有金属格栅灯、节能灯、有机灯片、反光灯带以及自然采光等。除了大厅的普通照明之外，商品的局部照明是突出表现商品的关键，局部照明光照度一般在1000lx以上。照明设备以石英射灯、筒灯为主。另外还可配以辅助装饰照明，使整个大厅层次丰富，晶莹透亮。

④ 适量的储藏面积。开放区商品种类和数量较多，一定要有足够的仓储面积，以便货品的补充。储藏区一般安放在靠墙或柱子的位置，在不影响顾客视线的情况下与展柜有机结合，并设计为装饰背景。

⑤ 分区的收款台和打包台。为了方便顾客在开放区购物，应该设置多处收款台和打包台。在服装区还应有若干试衣间。

封闭区：在购物中心内有一种主要的售货形式是独立封闭的，习惯上称为店中店。店中店往往由不同的商家租赁下来经营。在服从大的商业空间整体风格的前提下，每一家店中店会竭力体现自己的商业风格（图1-86至图1-88）。

虽然店中店所经营的内容千变万化，但从功能上大致可分为如下几个分区：门面、导购、形象展示区、商品展示区、收银区、打包台、库存仓储，如果是服装店还要有更衣室。

店中店的经营多以品牌形象出现，所以门面和形象展示尤为重要，好的店面设计不仅造型新颖，具有个性，而且能将品牌风格鲜明地呈现出来。

商品展示区是店中店的主体，但由于一般店面的面积有限，所以在商品陈列时应分类展示，并选精品陈列。展架的设计应和谐统一，与品牌形象有某些形式上的联系。

因为店中店是相对独立的经营体系，所以必须具备完整的经营流程。办公室、库房、职员更衣室等都应该设置，且要根据相应的可用面积合理布局。

图1-83　迪拜购物中心时尚大道

图1-84　迪拜购物中心时尚大道宽敞的交通线路

图1-85　迪拜购物中心时尚大道服务台

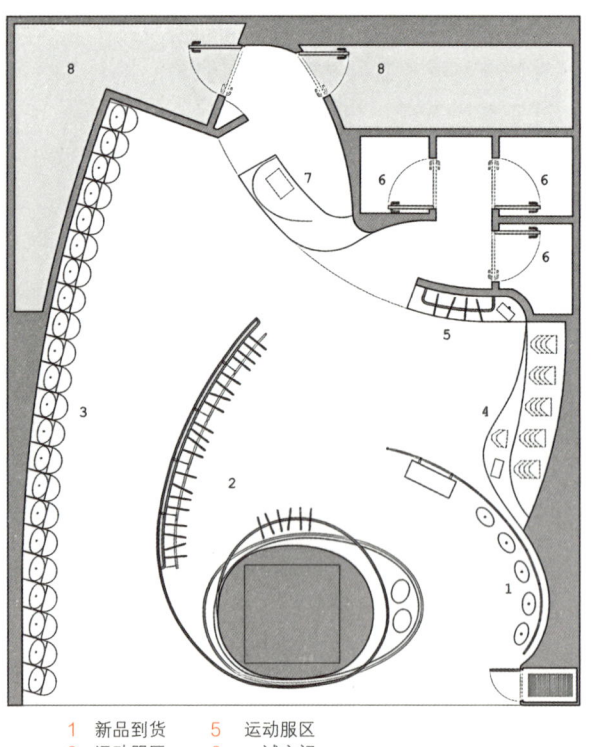

| 1 | 新品到货 | 5 | 运动服区 |
| 2 | 运动服区 | 6 | 试衣间 |
| 3 | 内衣陈列 | 7 | 收银台 |
| 4 | 内裤区域 | 8 | 仓库 |

图1-86 香港太古城广场购物中心
Regina Miracle内衣品牌店平面图

图1-88 香港太古城广场购物中心
Regina Miracle内衣品牌店收银区

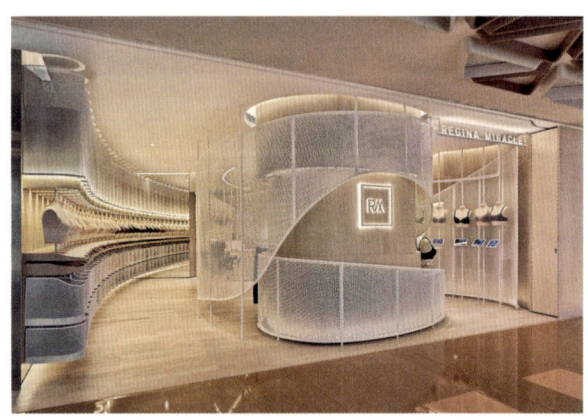

图1-87 香港太古城广场购物中心
Regina Miracle内衣品牌店外观

### ▶▶▶ 7. 商业街区

商业街区（Commercial District）是城市或城镇中的特定区域，通常包括一系列商店、商场、餐厅、办公楼、娱乐场所和其他商业设施。商业街区是商业活动的重要集中地，吸引着居民和游客前来购物、用餐、娱乐和社交（图1-89至图1-91）。

#### （1）商业街区的特点

多元化的商业设施：商业街区通常包括各种各样的商业设施，如零售店、超市、专卖店、餐馆、咖啡厅、酒吧、剧院、电影院、健身房等，以满足不同人群的需求。

商业密集度：商业街区内的商店之间的距离通常较短，商业活动密集，让顾客能够轻松步行或在短时间内访问多个商店。

娱乐和社交：商业街区提供丰富的娱乐和社交场所，如音乐会场馆、公园、广场和节庆活动，吸引人们聚集在一起，享受社交互动。

交通和停车：商业街区通常有便捷的交通选择，如公共交通系统、出租车和停车场，以方便顾客前来。停车场通常位于商业街区的附近，以便顾客停车。

商业吸引力：商业街区通常具有有吸引力的建筑、

图1-89　北京三里屯太古里北区

图1-90　北京三里屯太古里南区

图1-91　北京三里屯太古里

装饰和照明，以增强购物体验，吸引更多顾客。

地理位置：商业街区通常位于城市或城镇的核心区域，便于居民和游客前来访问，便于商家吸引更多顾客。

商业街区在城市规划和城市生活中扮演着重要的角色，为城市提供了经济活力、社交互动和文化体验。商业街区的设计和管理对城市繁荣和城市吸引力提升至关重要。

**（2）商业街设计要素**

① 客户构成。客户群的定位是决定商业街规模、形态和风格的重要设计依据。对客户的社会阶层、购物心理和行为习惯的分析是商业街设计的基础。为中低端客户服务的商业街侧重一站式消费体验，规模较大，入口处往往配置大型购物中心，街道网络比较复杂，街道尺度较大，利于人流集散。为高端客户服务的商业街人流较少，街道简洁，空间灵活、尺度亲和。为度假客户服务的商业街空间更加丰富，景观、广场等户外元素应用较多，餐饮、娱乐设施的总量较大。

② 商业业态。商业业态的构成、比例、分布是商业街设计的核心。商业、餐饮、娱乐等业态的档次和相互关系决定了商业街日后的发展趋势。一般来说，消费档次越高、休闲氛围越浓的商业街，餐饮、娱乐业态的比重越高，有时甚至会超过50%。餐饮区要尽量靠近景观最优区域（图1-92至图1-94）。

③ 商业主题。商业主题在商业空间设计中扮演着关键的角色。商业主题是一种文化包装，通过特定的概念、故事、风格或情感，赋予商业空间特征和氛围。这有助于吸引顾客、营造品牌形象，创造独特的购物和用餐体验。商业主题的拓展包括以下几个方面。

情感和故事叙述：商业主题可以基于情感和故事叙述构建，如传达品牌的历史、愿景、使命或价值观。通过故事叙述，商业空间可以激发顾客的情感共鸣，建立情感联系，强化品牌忠诚度。

文化和传统元素：商业主题可以从当地文化、传统或历史元素中汲取灵感。这种文化包装不仅可以增强品牌的地方特色，还可以吸引对当地文化感兴趣的游客。

时尚和风格：商业主题可以以时尚和风格为基础，反映潮流和顾客的审美趣味。例如，北京朝阳区三里屯的动感时尚。

图1-92　上海新天地商业街区 ZEN店

图1-93　上海新天地商业街区 泰国水上市场

图1-94　上海新天地商业街区 百草传奇门店

生态和可持续性：商业主题可以强调生态和可持续性价值观，如使用可持续材料、强调环保实践或支持社会责任项目。

娱乐和互动：商业主题可以鼓励娱乐和互动。这包括举办各种活动、比赛、工作坊和展览，以吸引和留住顾客。

品位和精致：商业主题可以围绕着品位和精致建立。这意味着提供高品质的产品和服务，以满足追求卓越品位的顾客。商业主题的选择应基于目标市场、品牌定位和商业目标。一个成功的商业主题可以为商业空间增加吸引力，提高品牌知名度，吸引更多的客户，并提供独特的消费体验。无论是时尚、传统、生态还是娱乐，商业主题都应与品牌形象和顾客期望相协调，以达到最佳效果。

④ 街道形态：商业街的街道形态是指商业街的道路布局、街道形状和结构，这些特征对商业街的整体氛围、可达性和商业活动都有影响。不同的商业街可能采用不同的街道形态，以满足特定的需求和商业定位（图1-95至图1-98）。以下是一些常见的商业街道形态。

主干道形态：主要商业街通常采用主干道形态。这种类型的商业街通常是市区内的主要道路，宽阔且可承载大量步行和汽车流量。主干道商业街具有高能见度，因为它们位于交通要道，容易被看到。

支街形态：支街是从主要商业街派生出的次要道路。这些支街通常更窄，适合步行，并用于连接主要商业街的不同区域。支街提供了额外的店铺，可形成不同的商业特色，例如小吃摊位、精品店等。

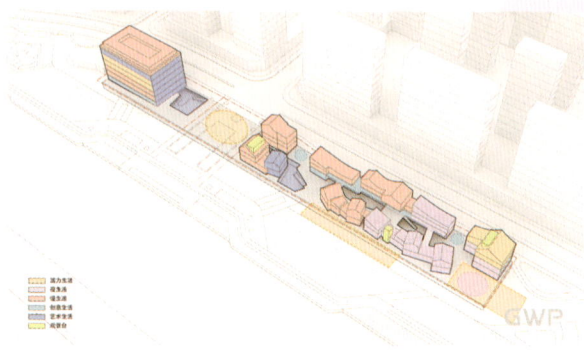

图1-95　杭州临安苕溪公园文化休闲商业街业态布局

网状形态：网状形态的商业街是由交叉的街道和巷道组成，形成了一个复杂的网络。这种类型的商业街适合步行和探索，因为它们提供了多条路径和不同的路线选择。网状形态可以增加商业街的趣味性和多样性。

环形形态：环形商业街是围绕一个中心点或广场布置的，形成一个环形。这种形态在旅游胜地或历史城区中比较常见，人们可围绕中心点四处走动，探索不同的商店和景点。

步行街形态：步行街是专为行人设计的商业街，没有车辆交通。这种形态非常适合购物和漫步，提供了安全和愉快的步行体验，通常具有丰富的街头文化和娱乐活动（图1-99至图1-102）。

不同商业街的街道形态可以根据城市的规模、交通需求、商业特色和文化传统来选择。商业街的成功通常与其街道形态和规划密切相关，因为这些特征会影响人流、购物体验和商业活动的多样性。

⑤ 街道的尺度。商业街的街道尺度对整体购物体验和商业活动有着重要影响。以下是关于商业街街道尺度的一些要点。

纵向范围：商业街的纵向范围是指人们在沿街道方向上所能感知和关注的范围。客户主要集中在建筑的首层，因为这是他们与商店互动的地方。因此，商业街的首层建筑应具有高度吸引力，以吸引顾客。二层以上的楼层对购物体验来说通常不如首层重要，因此，商业街的设计重点应放在首层建筑的吸引力和可达性上。

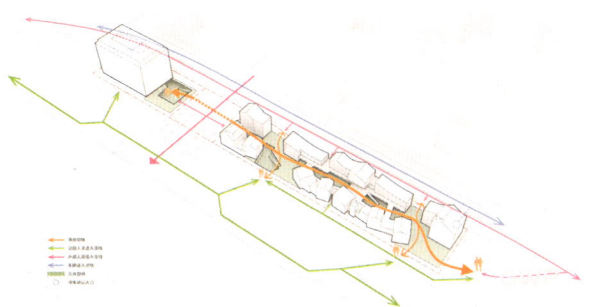

图1-96　杭州临安苕溪公园文化休闲商业街空间动线

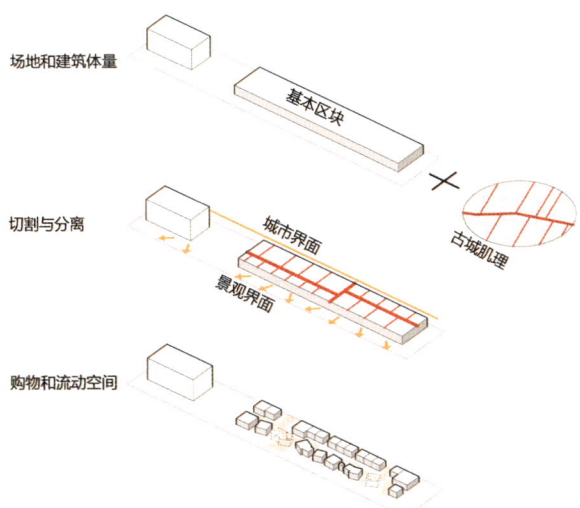

图1-97　杭州临安苕溪公园文化休闲商业街建筑概念

横向范围：商业街的横向范围是指街道两侧的建筑和店铺的宽度。研究表明，客户在横向范围内的注意力约为20m。这意味着超过20m宽的商业街可能会导致人们只集中注意街道单侧的店铺，而忽略对面店铺。因此，商业街的设计应考虑在20m宽度内创造吸引人的店铺和视觉元素。

街宽与楼高比例：商业街的街宽和建筑楼高之比宜在1∶2到1∶1之间，以确保建筑不会过于

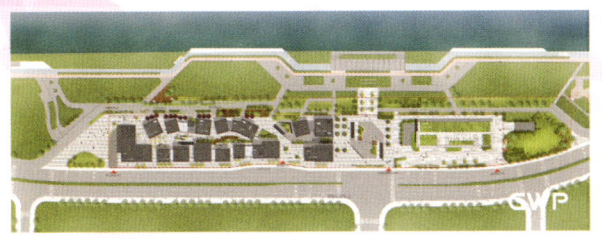

图1-98　杭州临安苕溪公园文化休闲商业街总平面图

图1-99　成都太古里商业街区

图1-100　成都太古里1

图1-101　成都太古里2

图1-102　成都太古里3

压迫街道，也不会显得杂乱。这个比例有助于维持视觉平衡和街道氛围。

控制主街长度：商业街的主街长度应有一定控制，以确保购物者的愉悦体验。一般来说，约300m长的商业街可以提供愉悦的购物体验，因为它有足够的长度提供各种商店和景点，但又不至于太长而令人疲劳。超过600m长的商业街可能会让人感到疲劳和乏味，因此需要提供休息和娱乐设施，以鼓励人们在整条商业街上流连忘返。

这些要点有助于指导商业街的规划和设计，以创造宜人的购物环境，吸引顾客，促进商业繁荣。商业街的街道尺度设计应根据目标受众和商业定位进行调整。

⑥ 造型设计。建筑外观造型的设计可以分为三个层面。第一层面是建筑的宏观造型，也就是天际线；第二层面是人在中距离上对建筑的感知，也就是建筑外观的中观元素，包括建筑开窗与实墙面的虚实对比、立面横竖线条的划分等；而第三层面则是人到建筑近前，与建筑直接接触的微观层面。因此，在商业街外部造型上着重第一、二层面的设计，而在商业街内部要以第二、三层面为设计重点，如建筑的细部和材质的运用等。缺少细部的设计无法满足客户对建筑的视觉需求，会显得空洞乏味。自然形成的传统商业街的魅力还在于其不同时期的建筑，风格不同的铺面混杂在一起，形成多元化而又相对统一的历史厚重感。为达到这一意境，设计时应有意识地寻求造型设计的多样化，将不同风格的建筑单元拼接在一起（图1-103至图1-105）。

⑦ 软性面材。商业街越来越多地应用软性面材，例如篷布遮阳、竹木外装、悬挂旗帜和其他织物、招牌等饰件。这一趋势使得建筑立面设计更趋近室内装修装饰设计。

⑧ 景观小品。商业街室外空间与气氛的形成，还取决于景观小品等元素的运用，如室外餐饮座椅、凉亭等功能设施，花台、喷泉、雕塑等园林建筑，灯具、指示牌、电话亭等器材，灯笼、古董、道具等装饰，铺地、面砖、栏杆等面材。这些元素是商业街与人发生亲密接触的界面。若想使这一界面更具亲和力，就需要从景观小品的角度深化商业街的设计。

⑨ 标识设计。优秀的标识设计能大大提升商业街的品牌效应和文化内涵，强化客户的视觉感受和行为体验。它与商业街所要体现的主题相辅相成。同时，标识还能将功能性和趣味性融于一身，增加客户的愉悦感。

商业街的细部处理，跟业态定位、店铺档次有关。每个商业街都应该有自己的个性，而不是千篇一律，如餐饮酒吧一条街和品牌店不应该采用同一种设计手法。

图1-103　澳大利亚纽马基特东区巴克街

图1-106　西安曲江创意圈

图1-104　澳大利亚纽马基特东区巴克街商业区

图1-107　西安曲江创意圈商业街

图1-105　澳大利亚纽马基特东区巴克街休闲区

（3）商业街的发展趋势

商业街的发展趋势反映了不断变化的市场需求和消费者的期望（图1-106至图1-108）。

① 多功能综合性生活广场。商业街正逐渐演变为综合性的生活广场，提供购物、餐饮、娱乐、文化和社交等多种功能。这种综合性体验吸引了更多的顾客，使商业街成为人们休闲娱乐的中心。

图1-108　西安曲江创意圈商业店面

② 商业街内部配置多样化。商业街的内部配置呈现出两种主要趋势：一种是聚集性利益，即相似业态的商家聚集在一起，形成规模效应；另一种是两立性利益，即不同业态的商店配置在一起，相互互补，为顾客提供多样化的选择。

③ 强调商业街主题。商业街将更加明确地定义主题，以吸引不同类型的顾客。例如，以旅游为主题的商业街可强调当地特色和旅游体验；以商务为主题的商业街可专注高端品牌和服务；以文化为主题的商业街可推广艺术和创意产品。

这些趋势反映了商业街不断适应市场和消费者需求的能力。商业街的成功取决于其如何融合这些趋势，并提供吸引人的购物和休闲体验。

## ▶▶ 8. 电子商务（网店）

电子商务（e-commerce）：电子商务是一种通过互联网平台进行销售和购物的商业模式。它包括在线零售，即顾客通过电子商务网站或应用程序购买产品和服务。这种模式提供了便捷的购物方式，消费者可以在任何时间、地点浏览和购买商品。知名的电子商务平台包括亚马逊、阿里巴巴、京东等。

社交商务（social commerce）：社交商务结合了社交媒体和电子商务，通过社交媒体平台进行销售产品或服务。例如，微信小程序功能允许商家在微信内创建在线商店，用户可以通过浏览朋友圈、聊天窗口或搜索来发现和购买产品。小红书是一个结合社交媒体和电子商务的平台，用户可以在平台上分享购物心得、产品评价和美妆技巧等。

线上订阅服务：线上订阅服务是一种通过定期付费或订阅方式提供产品或服务的商业模式。这种模式适用于各种领域，包括流媒体娱乐（如 netflix）、音乐流媒体（如 spotify）、食品配送（如美团外卖）等。消费者可以根据自己的需求和兴趣选择不同的订阅服务，以定期获得特定产品或服务。这种模式提供了可预测的收入流，同时也为用户提供了便捷的获取服务的途径。

电子商务与传统超市或百货商店相比具有以下特征：

线上运营：电子商务是基于互联网的商业模式，所有交易和交流都在线上进行。消费者可以通过电子商务网站或应用程序浏览和购买产品，而不需要实际到实体商店。

24/7 全天候开放：电子商务平台通常全天候开放，无论是白天、晚上、周末还是假期，消费者可以随时购物。这与传统商店的开放时间有很大不同，传统商店一般有固定的营业时间。

无地域限制：电子商务消除了地理位置的限制。消费者可以购买世界各地的产品，而不仅限于当地商店。这为消费者提供了更广泛的选择。

便捷性：电子商务提供了无须前往商店的便捷性。购物可以在家中、办公室、移动设备上进行，无须消耗额外的时间和精力。

价格竞争：电子商务市场竞争非常激烈，这使得价格透明度更高，消费者可以轻松比较不同卖家的价格和产品。此外，电子商务通常有促销和折扣，消费者可以享受更多的优惠。

个性化推荐：电子商务平台通常使用算法来分析用户的购物历史和兴趣，从而提供个性化的产品推荐。这有助于提高用户体验，并增加交叉销售和附加销售的机会。

便于比较：电子商务使得消费者可以轻松比较不同产品的特性、价格和用户评价。这使消费者更容易做出明智的购物决策。

快速交付：电子商务平台通常提供快速的交付选项，包括次日送货或快递服务，使消费者可以迅速收到他们购买的产品。

数字支付：电子商务通常支持多种数字支付方式，如信用卡、电子钱包、支付宝、微信支付等。这使得购物更加方便和安全。

总的来说，电子商务为消费者提供了更多的选择、更便捷的购物模式和更便宜的价格，同时也为卖家提供了全球市场和更低的运营成本。这些特征使电子商务成为一种不可或缺的购物方式。

## 第四节 历史溯源与发展趋势

### ▶▶ 1. 古代的集市

人类的集市贸易历史,可溯源到原始社会后期的"物物交换"。虽然那时并无"市"可集,只是在乡村的十字路口摆地摊。作为一种农村贸易组织形式出现的集市,在中国形成固定的商业活动场所大约起源于3500多年前的殷商时代。《易经》对神农创市还作了具体的记述:"神农氏以日中为市,致天下之民,聚天下之货,交易而退,各得其所"。这里的"市"就是一种露天交易场所。这种交易方式开始是不定期的,后来逐渐发展为定期的集市形式。这种集市逐渐以"赶集"和"庙会"等形式固定下来。

而聚集于渡口、驿站等交通要道处的货贩以及为来往客商提供食宿的客栈成为固定商铺的原型。这种"市"制一直延续到宋。宋以后,随着商品经济的蓬勃发展,冲破市制而演变为临街设店,形成了行、市结合的商业布局。这一变化使城市中的大小商店冲破了市的封锁,遍布城内街头巷尾,形成了新的商业空间,反映了商业在城市生活中的重要作用,使商业活动更为开放、自由,极大地促进了商品经济的发展,并带动城市格局发生根本性变化。随着商业活动从非定期发展到定期、由流动发展为固定、由分散发展到集中,商业空间的演变也就以流动的时空逐渐演变为特定的时空(图1-109至图1-111)。

### ▶▶ 2. 近代的开埠

1840年后,中国多个沿海城市陆续开埠(图1-112)。19世纪末帝国主义列强在沿海通商口岸陆续兴建大量银行、饭馆、洋行等商业、服务性建筑,并将"百货公司大楼"这一经销百货的全盘西化的"综合大楼"形式引入中国,现代商业空间形式逐渐引入,如哈尔滨市的秋林商行(1904)、天津市的中原公司(1927)等。现代商业空间形式正式在我国出现。

图1-109 古代市集绘画

图1-110 古画中描绘集市的场景

图1-111 明代集市

20世纪初,上海、天津、汉口等城市的租界区基本形成并逐渐成为城市的主体,同时发展成中国最主要的商埠城市。这一时期,商业空间也得到了迅速的发展,并涌现出一些新的类型与形式。劝业场是西方近代综合性百货大商场在中国的表现形式,它是在我国传统市场基础上,效法国外陈列和推销商品的经营手段,采用新的结构和样式发展起来的一种综合市场,当时命名为"劝业场",如武昌旧城区的西湖劝业场、天津法租界的劝业场、青岛市场三路的中日合资公立市场等。随着新兴商业空间的蓬勃发展,我国传统商业空间开始衰落并发生一系列变革:传统的行业街市及庙会逐渐解体、消失;洋式店面产生,新兴的城市商业中心及商业街开始形成(图1-113)。

### ▶▶▶ 3. 现代的商场

1953年,我国国营商业企业全面实行经济核算制,改行政调配制为按经济区域建立各级商业机构,城市商业设施也通过公私合营等改革,成为计划经济下国营商业网点的单一形式。在种种条件的限制下,百货商店在全国各大城市中不但数量有限,品种也始终处于难以满足人民需求的落后状况。

至20世纪80年代末90年代初,改革开放的成果极大地推动了我国经济、城市建设等方面的飞速发展。零售业作为最先开放的领域,呈现出国外和国内共同发展的局面。第一阶段是以大型百货业态为主体的单一业态阶段;第二阶段是90年代以后超级市场、大卖场从百货业态中分离出来;第三阶段是最近百货业态的高档化以及功能齐全、规模庞大的购物中心的兴起。从空间上看,不同的业态呈现出不同的空间布局形式。百货商店仍集聚在城市中心的繁华地带,并逐渐与其他业态集聚布局(如入驻购物中心);超级市场倾向于与百货商店等其他业态共存,或入驻购物中心,但已经出现了明显的郊区化趋势;购物中心尚处于起步阶段,与国外郊区布局的模式不同,多集聚在市中心(图1-114、图1-115)。

### ▶▶▶ 4. 未来的网络

20世纪90年代以来,网络技术迅猛发展,网上购物

图1-112 烟台开埠

图1-113 五马街

图1-114 现代的同记百货

图1-115 现代天津劝业场

（图1-116、图1-117）、电子商务等"信息化"购物观念与行为的出现几乎使现实的空间不再成为商业的必要条件。消费者通过网络与电视便可了解产品，通过互联网、电话便可进行选购。而展示商品的邮购目录的设计及商品网页的设计也成为现代商业设计的一部分。纵观商业空间的发展历程，每次商业空间发生大的变革，都与当时经济体制的变革，材料、技术的创新发展息息相关。

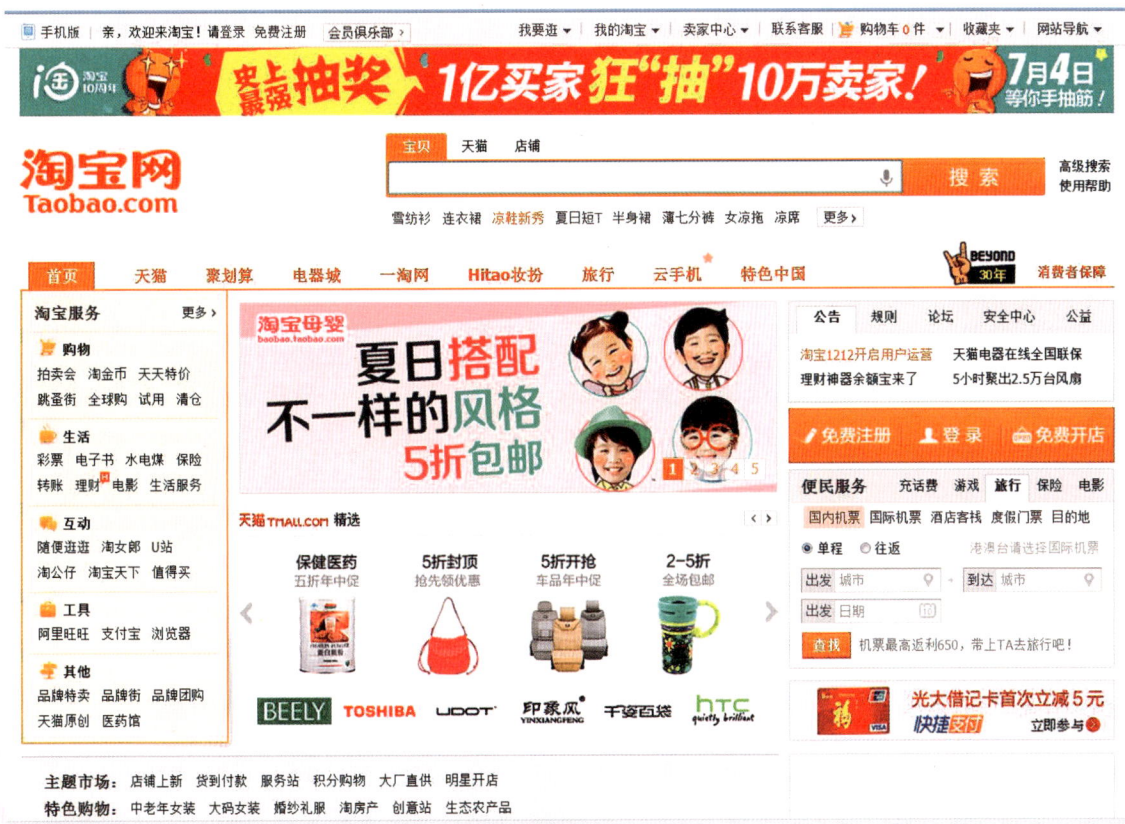

图1-116　淘宝网

图1-117　亚马逊网站

### ▶▶▶ 5. 现代商业空间设计的发展趋向

#### （1）重视商业建筑中的公共环境空间

现在无论是各级商业中心还是社区便民商店，都越来越重视商场的公众活动空间环境的设置。人们走进商店除了购物还要得到更多的信息，提高商业空间信息设计的效率，以及高速的信息化对人们现代生活起着重要的作用。在商业空间中没有先进的信息传递系统很难为消费者、商家、厂家提供准确的商品信息。先进的信息化与智能化系统将给顾客带来极大的方便。现在无论是各级商业中心，还是社区便民商店都越来越重视商场的公众活动空间环境的设计。

#### （2）休闲和高度娱乐化倾向

随着人们生活水平的提高，购物行为从单一的"需求型"向更多的"休闲娱乐型"发展，强调商业空间中的休闲空间设计，为消费者提供休息、交流的空间是非常重要的。人们越来越重视创造融办公、旅游、饭店、公寓、购物于一体的综合性商业空间环境。大型购物设置供顾客观赏、休息及方便人流交通疏导的前厅、中庭、绿地、广场等空间，小型的商场、自选便利店等新兴的社区商业空间也尽力为顾客营造一个舒心的环境，开辟出小品、绿化、休息的空间。大型商业建筑与餐饮结合，已成普遍的布局形式。现在越来越多的大型商业中心纳入了咖啡厅、茶馆、夜总会、美容院、健身休闲中心、游泳池、影剧院以及展览馆、图书室等，形成了以购物为中心，集多种休闲娱乐为一体的商业空间。这种商业中心，特别重视各种功能空间的连接、过渡与公共环境的规划布置。

#### （3）注重商业文化性的塑造

商业空间环境的设计应该有个性和文化性。首先，通过橱窗艺术、艺术品展等文化传播手段在精神上教化人、提升人的修养。不少大型商场都布置有艺术橱窗，或以名画装饰商业空间，以艺术品位提升商业文化。另外，由于市场利益与市场竞争的驱动，商家越来越注重自身品牌形象的树立和自身企业文化的塑造与传播（图1-118、图1-119）。

回顾商业空间的发展变化历程，我们可以发现商业空间从露天开放－店－中心网络的发展脉络。随着时代的发展，我国的商业环境正发生着巨大而深刻的变化，形成了一个开放的、舒适的、多元的、多层次、有计划、有竞争的商品市场。商业空间已成为人们活动范围中很重要的一部分，随着购物频度提高、光顾商店的滞留时间延长，人们不但对商品本身的兴趣增加，而且对购物环境提出了新的要求和期望。

图1-118　北京西单大悦城 中庭主题装饰

图1-119　上海南京路353广场 中庭主题空间

**思政板块：**

在中国经济蓬勃发展的背景下，商业空间设计领域学生的成长受益于国家崛起的机遇，这也激发了学生们的民族自豪感和文化认同感。

国家兴旺与文化认同：中国的经济崛起和国际地位提升使学生的民族自豪感和文化认同感得以激发。理解国家崛起对学生的职业发展和个人认同感的积极影响。同时，学生也应该在商业空间设计中传达中国文化和国家价值观，以维护国家文化认同感的传承和发展。

消费认知与理念的变革：学生应了解消费者的不同认知和消费理念，包括对品牌、质量、服务等方面的期望。强调如何满足不断变化的消费者需求。

全球化与本土化：学生应思考如何在全球化趋势下，保持本土品牌的特色和自信，同时吸收国际设计元素。强调如何在商业空间设计中找到平衡点。

可持续性与未来趋势：学生应了解可持续发展的重要性，以及如何将可持续性原则融入商业空间设计，强调预测未来趋势，以便适应市场变化。

通过对这些方面的思考，学生可以更好地理解商业空间设计领域的挑战和机遇，并在设计中融入文化认同感、消费者需求、可持续性原则和未来趋势。这将有助于培养学生的综合思政能力，使他们成为具有全球视野和国际竞争力的设计师。

# 第二章
## 商业空间设计的教学与实训

训练一　商业空间体验 + 手绘记录练习
训练二　小型服饰店设计
训练三　店中店设计
训练四　典型商业空间设计

本章的编写以典型性、专业性、思维性为原则。在内容设置上，重视商业概念、经营方式，由浅入深，结合人机工程学、材料学、照明工程等工学知识，以商业空间设计认知与方法操练为主线，考虑到学生学习的难度和兴趣，分成四节，每一节训练目的明确，顺应了时代和行业发展的新要求。"商业空间设计的教学与实训"章节，是课程深入教学改革的成果。基础训练作为设计的铺垫与兴趣相结合，独立空间的设计与知识难点相结合，深入了解和解读商业空间设计的特征和特点。

# 训练一　商业空间体验+手绘记录练习

本节要求训练学生在观察中展开思考和在体验中发现问题。传统的教学模式只强调让学生走出去，考察相关商业空间样态，检验方法是上交一份考察报告。如今信息十分便捷和顺畅，学生足不出户就能完成任务，这样很难有所收益。然而这一环节的努力程度会直接影响后面的学习。学生应到市场中去，切身体验实体店的氛围，感受经营、销售、服务、展示等特点，观察不同的商业空间动线规划及各自的语言形式，学习从不同的角度去接受和评判。考察的目标地可以是一个也可以是多个，重点在了解不同的商业业态的表达方式和表达特点。手绘记录要求图文结合，明确标注商业空间中的材形和材性。同步训练手绘表达空间的能力。

## 一、课程要求

课程内容：商业空间实体店体验与手绘记录训练。

训练目的：本节通过考察商业空间环境，引导学生采用合适的观察方法，开始商业空间各要素的认知与分析，用徒手记录的方式对空间的动线、界面结构、使用材料等进行有效记录。为商业空间设计课程的学习进行铺垫，主要培养学生以下两方面的能力。
1. 对商业空间的共性与个性的观察能力。
2. 解读材料及构造与商业空间关系的能力。

训练重点：1. 认知商业空间的销售方式。
2. 对商业空间特征的记忆、记录的能力。
3. 商业空间体验后的分析和判断能力。
4. 徒手表现空间，记录相关设计信息的能力。

学习难点：商业业态的多样性与复杂性。

思政目标：学生能够在商业空间设计领域更全面地思考和行动，注重社会、文化、环境等多个层面的因素，从而成为有社会责任感和创新意识的设计师。

作业时间：12学时+课余时间。

相关作业：1. 安排本地较为著名的商业空间考察调研（酒店、商场、超市、餐饮、休闲空间等）。
2. 考察结束后，对印象深刻的商业空间和局部用手绘的方式进行记录表达。

每位同学自行选择考察的商业空间，需提交A3规格的手绘整理稿（不少于两项），深入解读其空间设计的特征和特点，尽可能记录空间、界面、材料、工艺、尺寸等各类信息。

## 二、大师设计手稿案例

### ▶▶▶ 1. 安藤忠雄

日本建筑大师安藤忠雄，22岁时就游历欧美各地，考察研究当地著名建筑，用画笔详细记录看到的建筑形态，并养成了画速写的习惯。后期在建筑设计中，安藤也喜欢将自己的设计构想，用多种多样的手绘图表达出来。他曾说，草图就像是建筑师的一座还未完成的建筑。这是最有生命力的表现方式，是设计师表达自我及与他人交流的一种方式。

### （1）地中美术馆

地中美术馆是依靠山腰俯瞰直岛南方海岸的一所独特的现代艺术美术馆。大部分建筑建于地下，完全用自然光阐明室内的作品（图2-1）。

### （2）司马辽太郎纪念馆

司马辽太郎纪念馆周遭树林茂密，为了避免纪念馆的体量过于突兀及庞大而影响周遭居住环境，安藤将空间向地下延伸，地面上仅露出两层楼高素雅的弧形体量，并利用植栽将建筑物的正面遮掩起来（图2-2）。

图2-1　地中美术馆手稿

图2-2　司马辽太郎纪念馆设计手稿

## ▶▶ 2. 汉斯·希尔曼

德国视觉大师汉斯·希尔曼与一般的设计师不同，他喜欢用心、用眼观察，离开实景后再将有印象的东西表现出来，所以就养成了记忆表现的习惯，这种方法值得推介（图2-3）。

图2-3 记忆速写 / 汉斯·希尔曼 / 德国

## 三、学生实训案例

### ▶▶▶ 1. 作品名称：店中店

学生：黄家乐

院校：大连工业大学 / 艺术设计学院（图2-4）。

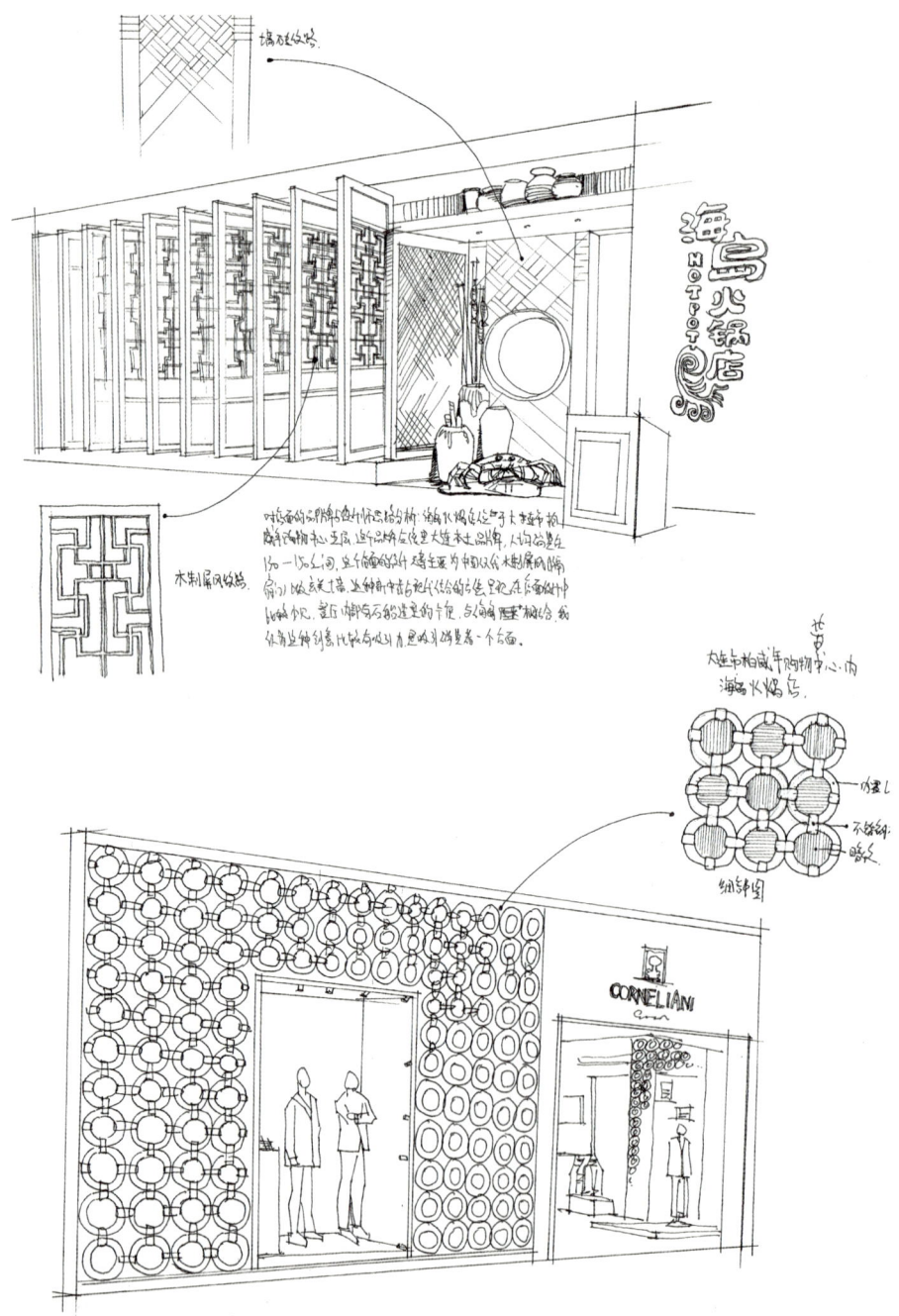

图2-4 店中店调研记录手稿

## 2. 作品名称：商业室内空间

学生：于沐卉

院校：大连工业大学 / 艺术设计学院（图2-5）。

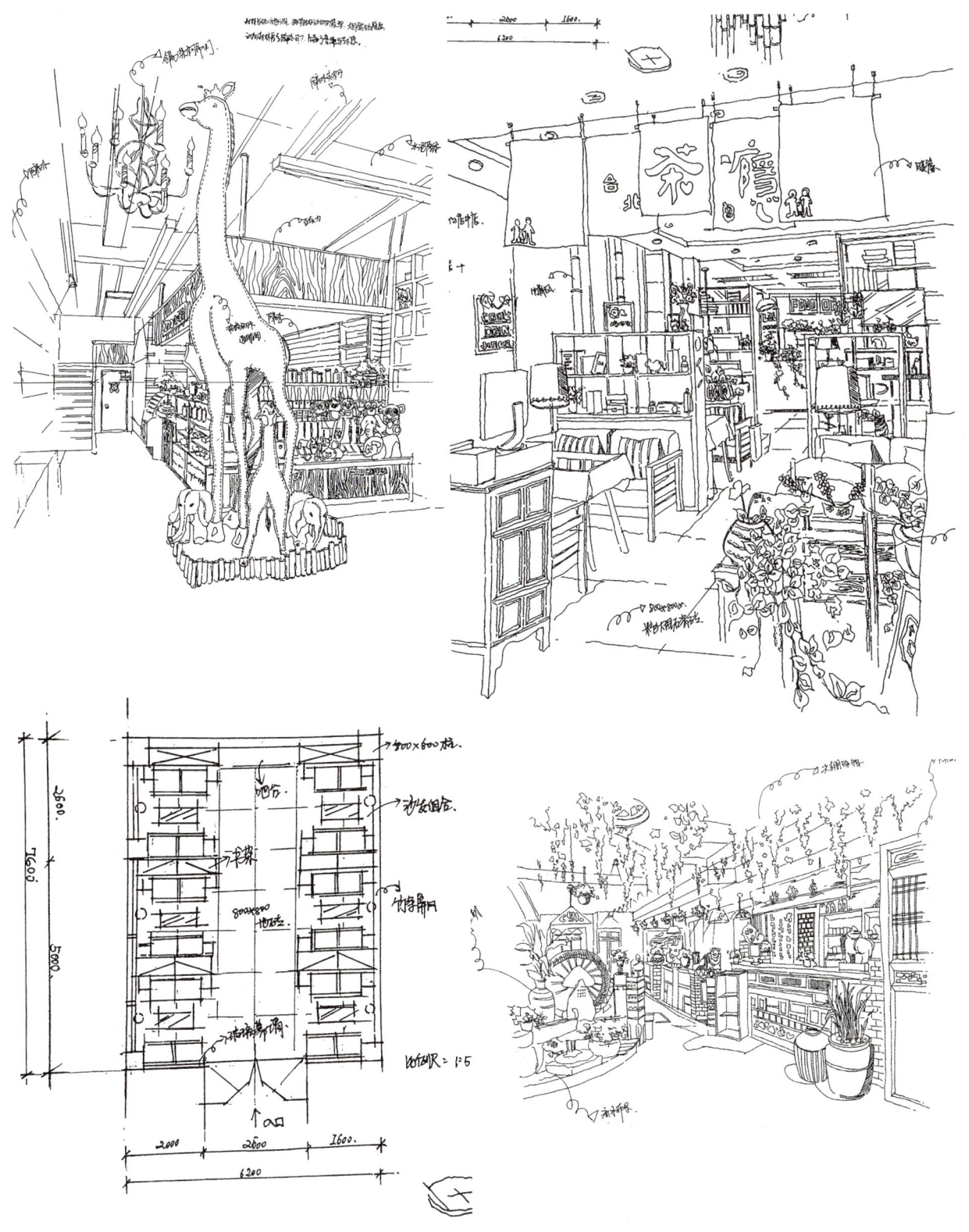

图2-5　商业空间调研记录手稿

▶▶ **3. 作品名称：餐饮空间环境**

学生：张方

院校：大连工业大学 / 艺术设计学院（图2-6）。

图2-6　商业空间室内记录手稿

#### ▶▶▶ 4. 作品名称：餐饮空间布局与局部

学生：于沐卉

院校：大连工业大学 / 艺术设计学院（图 2-7）。

图2-7　平面布局与室内局部记录手稿

## ▶▶ 5. 作品名称：特色餐饮店铺

学生：高晓涵

院校：大连工业大学 / 艺术设计学院（图 2-8）。

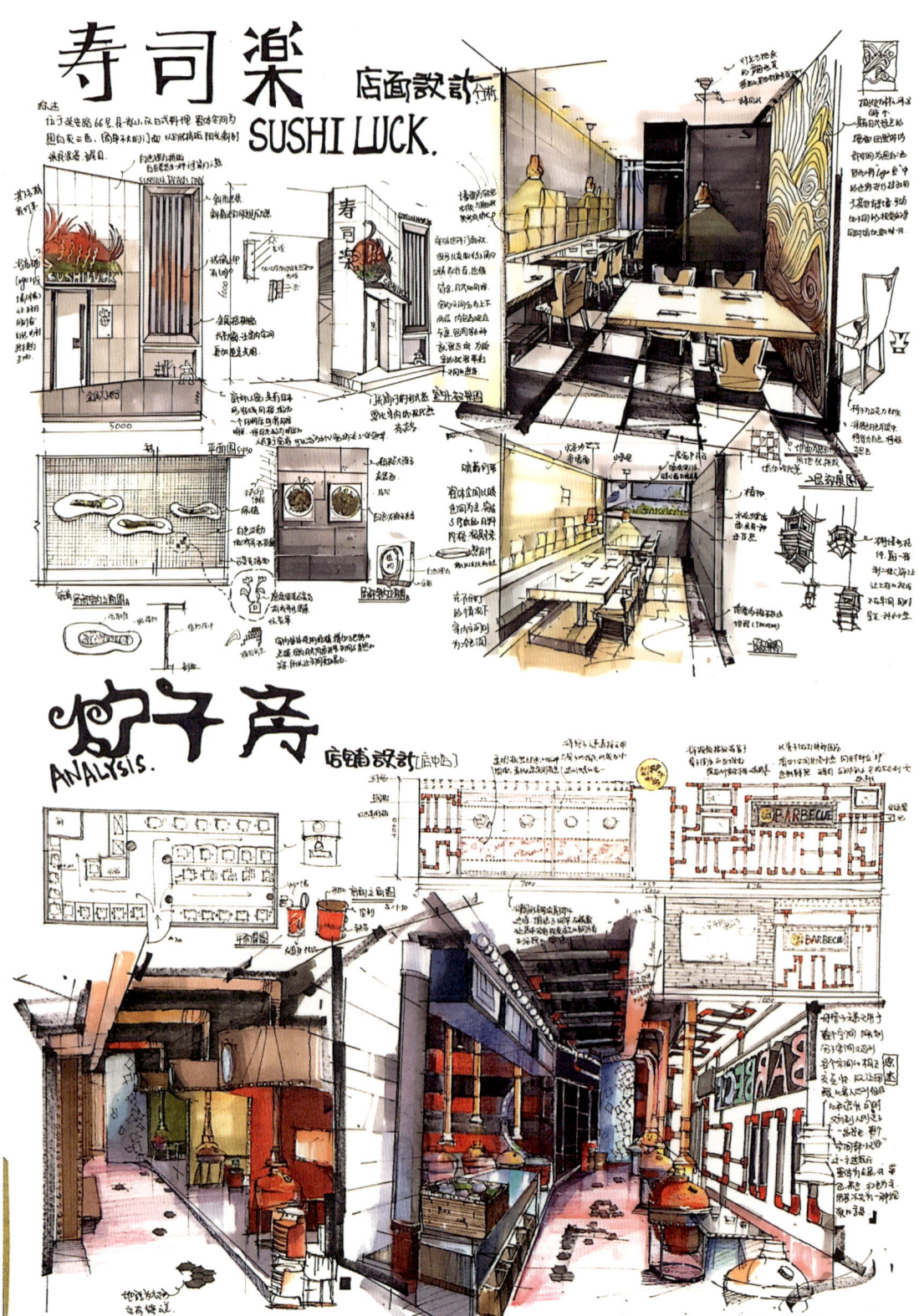

图 2-8　餐饮空间记录手稿

## ▶▶ 6. 作品名称：中信书店、Ooxoo.net

学生：陈昊天

院校：大连工业大学 / 艺术设计学院（图2-9）。

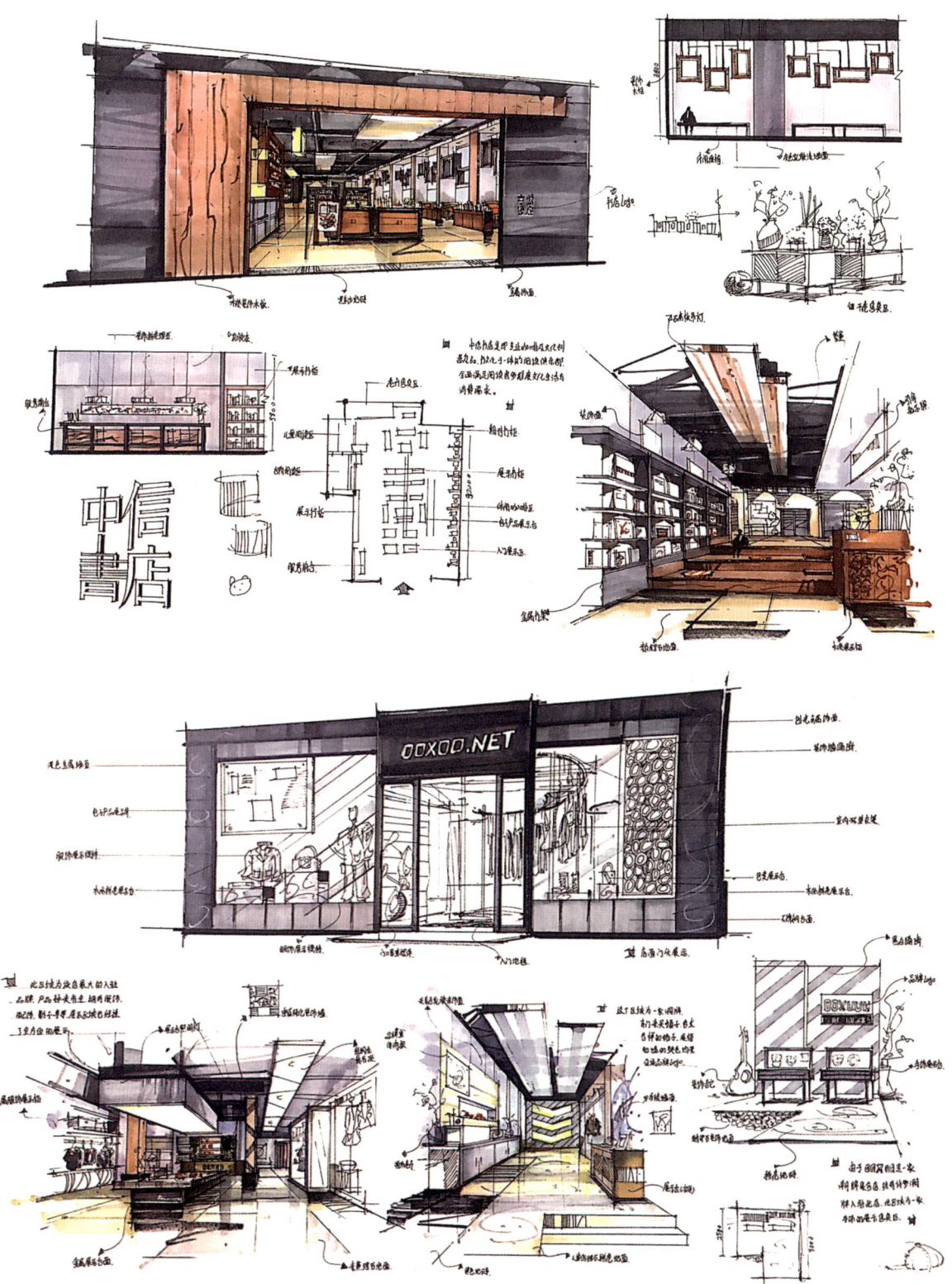

图2-9 店面与室内环境记录手稿

## 四、知识要点

#### ▶▶▶ 1. 空间构成

**（1）营业空间（直接营业区）**

营业空间分购物空间、服务空间、共享空间三个部分，其中购物空间往往被视为重要的营业区（图2-10、图2-11）。商品的展示和陈列应根据种类分布的合理性、规律性、方便性及营销策略进行总体布局设计，以利于商品的促销行为，创造出为顾客所接受的舒适、愉悦的购物环境。

直接销售区通常分为引导区和卖场区两部分。店面、入口及展示橱窗等通常被视为引导区，而商场销售区则除了销售设施（收银台、货架、货柜等）以外，通常还包括提供服务性设施的区域，如客用卫生间、自动扶梯、楼梯、坡道、通道等空间。

餐饮业是非购物性质的商场服务性项目，近年来发展迅速。餐饮空间分消费者就餐区和辅助营业区，就餐区包括入口引导区、接待等候区、就餐客席（散席及包房等）；辅助营业区包括厨房与管理（包括仓库、冷藏间等）两大区域。餐饮业因营业的品种不同，对厨房及设施的需求有很大的区别，餐饮业中的厨房虽然属于辅助营业区，但它的位置与餐厅的联系却十分重要，其功能与作业流程对整个餐饮空间的设计有着很大的影响。对空间的条件有着硬性的要求，如防火、排风、排烟、排污、防水等，必须符合国家相关规定和要求。

其他服务业如电影院、美容美发、健身、休闲娱乐等都布局在直接营业区范围内。共享空间包含门厅、中庭、灰空间等。

**（2）营业辅助空间**

营业辅助空间分室内停车场和后勤空间，空间的配备视实际规模并结合要求确定。一般情况下，后勤空间分销售辅助空间、管理空间、生活空间、设备空间、交通空间等。

销售辅助空间有卸货场、各类加工间、仓储空间。其中货物运输通道必须符合使用要求，设置仓储要有满足商品存放与周转的总库（或租用独立建筑）、分库（与营业厅联系紧密，取货方便）、散仓（与柜台紧密相连，补货便捷），以满足正常营运的基本条件和要求。仓储设计的主要要求是防盗、通风、防潮、防晒、防鼠，便于管理，节约成本。

管理空间含行政管理空间和营业管理空间两部分。生活空间含员工食堂、厨房、浴室、卫生间、休息室、医务室、更衣室等。设备空间有变电用房、空调机房、电梯机房、消防水池、水泵房、消防控制中心等。交通空间有员工电梯、货梯、通道、楼梯等。

图2-10　中央大道／中国大连

图2-11　银座商业中心／日本东京

## 2. 面积配比

面积配比不仅仅是空间内容的分摊，更是商业经营理念的体现，高质量、人性化的服务空间才会被消费者接受。因此，面积配比不能是教条的，应视具体情况而定。当城市设置集中商品储配库且社会服务设施等较完善时，我们就要调整减少仓储、辅助部分的配比。

商业功能空间面积配比与业态比例、建筑规模和营销环境关系密切。空间构成的变化也带来面积配比的变化。销售辅助部分面积与和商品数量联系的货场、仓库、操作间等需求相关，经营管理、员工部分面积与员工数量和经营管理模式及企业文化相关，服务空间、共享空间面积与商场经营理念相关，室内停车库面积与商场定位和城市停车需求相关，设备部分与建筑规模和类型（高层、多层）相关（表2-1）。

## 3. 空间关系

建立商业空间关系就是要解决好功能空间联系，整体控制、思考车流、人流、物流三方面对应的空间关系是十分重要的，动线设置要做到科学、自然、有序、合理，方便消费者的同时能有效地节约成本。

车流，指通过车流、顾客车流、货车流线、消防车道等。人流，指通过人流、主次客流、工作流线等。物流，指货物流线、垃圾运送等，物流对应后勤车道等（图2-12）。

表2-1　　商业空间面积分配比例

| 建筑面积（平方米） | 营业 % | 仓储 % | 辅助 % |
|---|---|---|---|
| > 15000 | > 34 | < 34 | < 32 |
| 3000~15000 | > 45 | < 30 | < 25 |
| < 3000 | > 55 | < 27 | < 18 |

图表来源：根据《商店建筑设计规范》(JGJ48—88)整理《商店建筑设计规范》(修改稿)中的面积配比来自我国较早时期的商场数据统计，与国外数据有较大出入。在实际工程中需根据实际情况结合地区特点两者参考采用。营业区、仓储区和辅助区等的建筑面积应根据零售业态、商品种类和销售形式等进行分配，并应能根据需要进行取舍或合并。

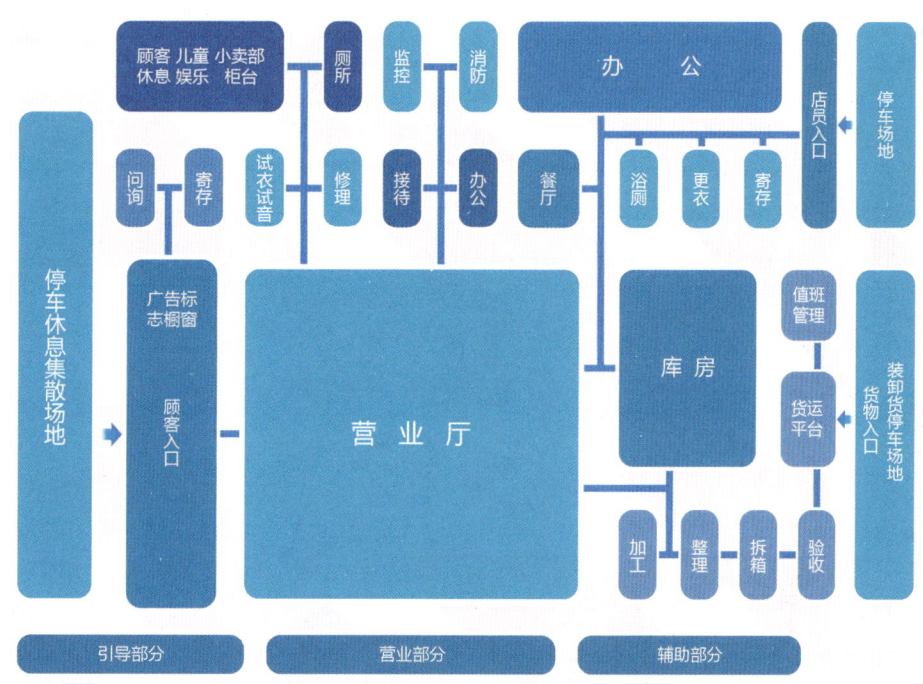

一般商业建筑中各功能空间的基本关系
来源：根据《商店建筑设计规范》整理绘制

图2-12　商业空间关系图

### ▶▶▶ 4. 空间布局

#### （1）营业空间和辅助空间

营业空间和辅助空间是商业空间的两个主要部分，它们之间的关系是整体布局的重点。营业空间和辅助空间需要建立的是平面的布局关系和纵向（剖面）的布局关系。

平面布局相对自由，可以是点式、自由式、单边式、多边式等，重要的问题是流线设计，解决好员工流线、货物流线和顾客流线的关系。避免人流和货流的交叉干扰，实现购物人流的均衡分配，减少拥堵现象，使人方便、快捷地到达目标区域，避免死角和遗漏。在紧急情况下，便于迅速安全地组织人员疏散。现代商场营业厅有"商场+展场+库房"的功能复合趋势，部分楼层可简化甚至取消辅助空间。

超级市场需要加工操作和冷冻储藏区。所以超级市场的辅助空间需要和营业空间同层布置。除了超级市场外，其他商业类型的商店一般对底层的面积较为慎重，临街商场底层往往是黄金铺位，具有很高的商业价值。所以许多商场尽量减少底层辅助空间面积，往往采用分层、隔层、独立设置、综合设置以及不同楼层统一位置布置的方式。纵向的布局最重要的是垂直流线的科学与合理，快速安全地把顾客输送到各楼层，便于寻找，有足够的缓冲空间，涉及的交通方式是电梯、自动扶梯、楼梯、坡道、无障碍通道等（图2-13、图2-14）。

#### （2）商品的分类与布局

商品的分类与分区是空间设计的基础，合理化的布局与搭配可以更好地组织人流，活跃整个空间，增加各种商品销售的可能性。营业空间内部功能布局要根据商场营销规划设置，且与具体商品类别和服务项目的布置相关，与内部交通流线密切联系。大型商店可按商品种类进行分区，例如一个商场可将营业区分成化妆品、服装、体育用品、文具、家居、电器、食品等。除了从平面和纵向两个方面整体思考布局情况，还必须考虑商场顾客的年龄、习惯、

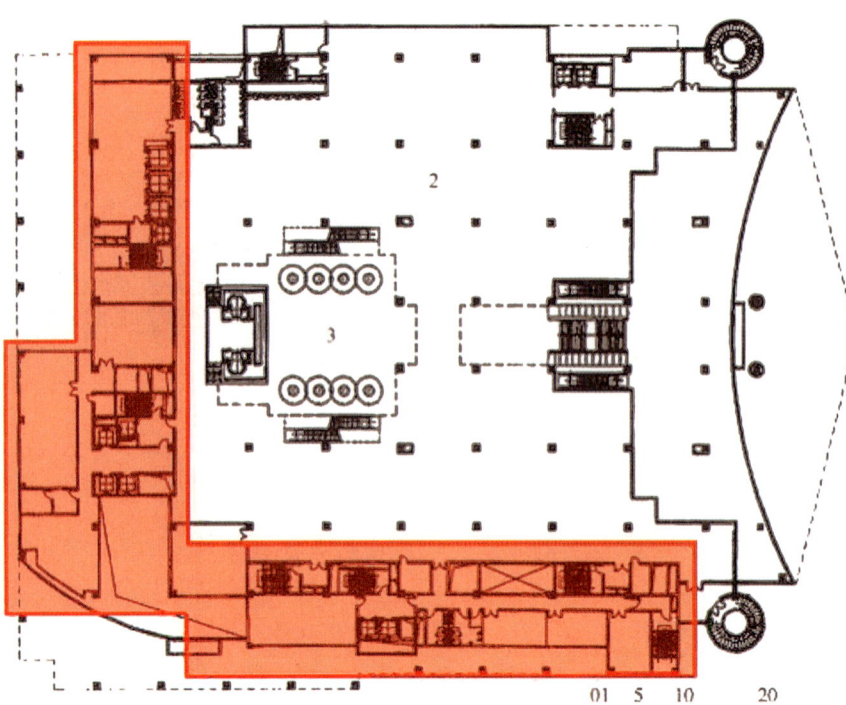

图2-13　杭州解百商城一层平面 / 作者整理绘制

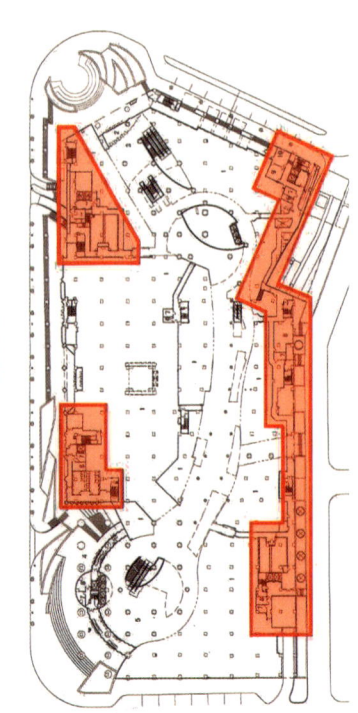

图2-14　上海正大商业广场一层平面 / 作者整理绘制

消费能力等因素，这对整体的布局和商场的经营同样有着现实意义。

### （3）营业区的内部构成原则

第一，相对容易聚集人流的商品一般不设置在一层和出入口处。超市通常会设在地下一层，虽不安排在首层，但其位置设置应让顾客容易到达（图2-15）。

第二，销售频率不高、色彩造型艳丽美观、气味怡人的化妆品或特色商品等宜设在一层或者出入口处，这部分区域的设置不会导致人流不畅（图2-16）。

第三，交易次数少、选择性强的贵重物品一般设定在建筑的深处，相对集中，便于管理，同时满足消费者某种安全感的心理需要。

第四，相关联商品临近摆放，促进连带销售，如排油烟机与炉灶、电视与冰箱等家电产品。

第五，按商品的性能和特点设置摆放区域。如试音商品可以相对封闭，减少环境噪声。

第六，收银台旁可摆放冲动性购买物，如口香糖、巧克力、剃须刀等小商品。

第七，客流量大的商品同客流量小的商品相邻摆放，缓解客流量集中的现象。

第八，按顾客行走、观望的规律摆放货位，使通道既不浪费，行走起来又比较方便和舒适。

第九，大型商品，为了便于搬运、卸货，应设置在离货运通道或储存场所近的位置。

第十，儿童服装、玩具等一般设置在高层，与餐饮、娱乐等项目临近。

第十一，餐饮和娱乐空间一般设置在顶层，在满足其对空间的硬性要求外，还要考虑商场在歇业后的通道是畅通、科学和合理。

图2-15　超市自选 / 日本

图2-16　店中店 / 日本

### ▶▶▶ 5. 空间与尺度

空间本身就是一种耐人寻味的独特展品，展出内容包含了融合垂直与水平两种向度、层次丰富的构造与动线，更包含了种种细部及精致材质间的对比。空间不只是一个有型的场所，还是一门语言，设计师精通并能很好地利用这一语言，让置身这一空间环境中的人认同并接受空间语汇。谈空间不能不谈尺度，尺度的含义同样是丰富的，基本的原则是满足需要，特别是人体活动尺寸的需要（图2-17）。

#### （1）典型空间尺度设计

① 人性化的距离。一般消费者在步行200~350m之后需要休息，所以无中间停歇处的室内步行街长度最好不要超过350m。但由于人们在商业街中购物的路线并非直线，而是曲折反复的，因此设置休息空间的间隔应适当缩减，同时应增强空间和景观的吸引力和变化，以减轻人们疲劳感。

② 合适的宽度。步行街的宽度是影响空间感受的重要因素，应根据人流量和空间效果来确定。传统商业在室内空间布局上往往追求商铺的使用率，因此过道的宽度一般在2m左右，有的甚至更窄。给人的印象往往缺乏品质感，仅适合小规模的商场。现在大型商业场所的发展除了满足了人们的购物需求，更多的是为人们提供一种休闲的体验与享受。因此，它的过道需要足够的宽度，既有生理的尺度又有心理的尺度。这种室内步行街式的宽阔过道更利于消费者的购物、休闲与交流，更能使人感受到现代商业的氛围，也利于商业空间的经营管理。根据调查研究，单层步行街的宽度一般以4~8m为宜，如果在街道中央设置休息空间、座椅、植物、雕塑，主要步行街的宽度可做到12~15m，次要步行街的宽度在6m以上，除保证正常人流的顺畅通行外，还要能承受高峰期的人流，使街道两侧都有足够的步行空间，便于浏览商品。多层步行街的宽度，在单侧布置商店时一般为4~6m，双侧布置时需要5~8m，有的甚至达到十几米，但步行街过宽将抑制两侧人流的交往。当宽度较窄时，可以通过提高照度、使用明快材料等方式，使步行街与周围商店空间相互渗透，来降低人们心理上的压力（图2-18）。

③ 中庭的尺度。中庭是大型商业建筑中最典型的中心。中庭一般是贯穿几个楼层的共享空间，强调内部空间垂直因素的形象，满足人们象征性或心理性的需要。它使消费者的活动在水平方向停止扩展，更多地向垂直方向流动，对增加商业建筑的空间吸引力是非常重要的。中庭的设计需要足够的尺度，否则建立不起商业特色及独有的标志性，丰富多彩的中庭空间可以产生明显的可识别性。但仅仅具有足够的尺度，不一定能建立起空间的吸引力，中庭设计不合理会显得过于空旷、缺少向心力。因此，中庭尺度的把握需要与建筑物、建筑构件、视觉主题和设计元素有机结合，表现出完整性和协调性（图2-19、图2-20）。

#### （2）适宜的层高

单层步行街上空有顶盖时，净高不宜小于5.5m。

图2-17　罗斯福商城／中国大连

图2-18　K11购物中心／中国上海

多层步行街高度受设备管道的影响，常把营业空间的净高减小，但不应低于4m，以免造成压迫感。当管道封装后，零售区域的天棚不能达到3~3.5m层高时，往往采用暴露式的天棚设计方式。这类设计不仅确保了空间的层高，在规范的施工、统一的色彩控制之后，也是极具特色的天棚设计形式。

### （3）人体工学与空间尺度

室内设计强调以人为本，在满足空间使用功能的同时，需要根据相关人体尺度来建立空间的具体数据尺寸，并结合美学等各方面的因素，综合考虑并制定室内空间尺度。人体工学是学习之初确定尺寸的依据，作为设计基础理论，熟练掌握是应该的，但还需视具体情况灵活应用。

商业空间的设计中，消防设计事关人身安全。因此，消防疏散通道的尺寸数据必须符合国家相关内容和规范。

进行空间设计要研究人的行为，因为人的行为模式影响空间环境的构成，甚至指导空间尺度的确定。如实地记录消费者的分布情况和行动轨迹，并在此基础上对数据进行综合分析，就可以知晓商店的出入口位置、通道的距离、柜台布置、商品陈列、灯光照明、消费者活动空间等内容是否合理。

家具和设备除了满足功能上的基本要求外，还应满足商业空间的审美要求。商业空间中半固定的家具在形体和尺寸上要兼顾大多数人群，考虑他们的生理尺度，尤其在与人体密切相关的家具的尺度上，除了考虑性别和年龄的差异外，还要考虑个体间的差别。例如：超市中的货柜和展台，店中店女性服装店及男性服装店的更衣间、休息凳等。尺度还包括公共空间的一些附属设施的尺度，满足生理尺度的同时，心理尺度同样影响空间尺度给人的印象。例如：门洞高度、拦河的标高、栏杆扶手高度等，应按男性人体高度的上限，并适当加上人体动态时的余量进行设计；对踏步高度、上搁板或挂钩高度等，应兼顾女性人体的平均身高进行设计。以上所提及的内容都是衡量一个商业空间的人性化设计是否得当的标准。

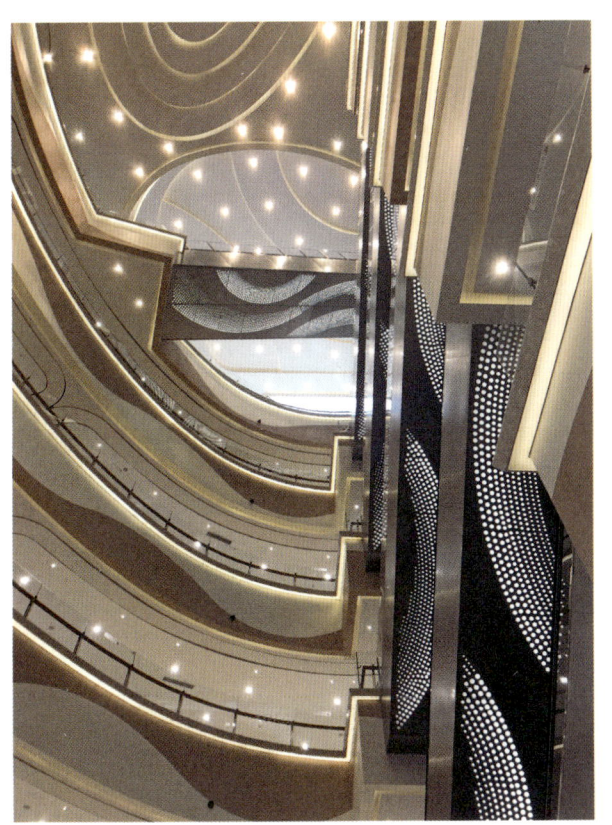

图2-19　新华·红星国际／上海

图2-20　K11购物中心中庭／上海

### ▶▶▶ 6. 营业空间设计

#### （1）营业厅空间设计

营业厅空间是传统购物的主要形式。随着经济的发展，商家为了显示其经济实力以及在建筑范围内形成商业的聚集效应开始修建大面积、大空间、经营项目无所不包的营业厅，形成现代百货商场的雏形。其主要优点有：商品陈列多而集中，方便顾客选购，节约交通空间，节省用地，节约造价，以及具有空间通透开敞、陈列的可变性等。

虽然有包括界面实墙、柜台、货架、散仓在内的各种空间分隔要素，但空间之间的渗透整合仍然占主导地位。大空间是符合市场商业属性的空间形式，有利于形成良好的商业氛围（图2-21）。

① 营业厅空间基础设计。柱网：柱网布置应主要与柜台和货架相结合，避免将柱子暴露在顾客通道中，以免阻碍交通和遮挡视线。

层高：营业厅空间高度按照建筑层高减去结构设备高度得到。影响空间高度的因素有采光、通风、建筑结构的主梁和次梁、中央空调系统和消防系统等。

② 营业厅的空间形式。厅式：厅式是最简单的商场营业厅空间形态，多为传统百货商场所采用。厅式按面积大小可分为小厅、中厅、大厅等。

中庭式：中庭式空间使商业室内核心空间得以强化。营业空间围绕中庭设置，氛围浓烈，顾客能够将中庭四周一览无余，便于确定购物方向。

庭院式：庭院式营业厅空间形态类似于边庭式。

错层式：错层式在保证各区域空间水平联系的同时进行一定程度的空间划分，这种结构的复杂性使空间变得生动、富有变化（图2-22）。

单元式：单元式类似于店中店的空间形式。此类营业厅的优点在于它提供了经营管理上的灵活性，各单元空间可卖可租。并且各单元较为独立，利于减少彼此间的干扰和强化塑造品牌个性。从经济管理

图2-21 新华·红星国际／上海

和空间划分上都提供了空间品位上升的可能性，适应现代独立式商场打造精品店的发展需要。

混合式：自由的混合设计。

③ 营业厅空间分割

第一，实体分隔，分为货柜分割、轻体材料分割、砖墙分割三种。

货柜分割：利用柜台、货架布置结合柱子进行空间的软划分，是传统的商业空间区域划分形式。由于货架的高度有限，组构之后货架部分形成了空间隔断，货架上部与天棚是留空的，上层空间的这种联系，保留了空间的渗透性、完整性。这种方式属于短期分隔，非常灵活，便于根据商业运作周期重新组织空间，这是营业厅的特色空间划分形式，同一商家在不同时期可以通过变化柜台布置来营造新鲜感，达到吸引顾客的目的。

不同的功能区域分割的形式也是多样的，通过喷泉、水池、花台、家具、建筑小品等对商场空间进行划分，可以保持大空间的特性，活跃商场气氛。此外，水漫、布幔、珠帘等编织隔断可增强空间的亲切感。

轻体材料分割：利用建筑材料中玻璃、轻钢龙骨、板材等轻质隔墙进行空间的完全隔断，进行视线和声音的遮挡，便于管理和特色氛围的营造，形成专柜或者店中店独立经营区域（图2-23）。

砖墙分割：利用实墙建构空间。这一分割方式多用于营业厅和辅助空间之间、营业区和交通空间之间、营业厅和共享空间之间。辅助空间的各功能空间分割大多采用实墙建构，尤其是消防通道。

第二，非实体分隔。营业厅室内顶棚、地面、墙体、幕墙、柜台、货架乃至商品本身都可视为空间界面。为营造空间氛围需要特殊照明、音乐乃至气味等。在实际空间没有发生变化或变化很小的前提下，这些要素能利用人的各种感知效应，使空间界面在局部造型、材料、色彩、形式、图案、照度、音乐、气味等方面进行变化，打破知觉空间的连续性。这种灰色分隔方式可以很好地增强空间层次和变化，形成心理的空间区域。如顶棚地面的高低变化、装

图2-22 浅草文化观光中心 / 日本

饰风格的变化、墙体的局部凹凸变化、光线强弱变化、色彩变化、材料纹理和质地变化等（图2-24）。

（2）店中店空间设计

店中店空间的布置比较自由，追求独特的风格以凸显品牌文化特色，对于一面朝向过道的店中店，无须太多考虑和营业厅整体形象的协调融合。在现代各类独立式商场中，店中店经营模式占有重要地位（图2-25、图2-26）。

不了解商品、不重视企业文化的设计对销售无益。调查表明，80%的企业如果在发展遭遇瓶颈、销售徘徊不前时，其核心原因往往是对设计的忽视。店中店和大店之间不是简单的商业关系，而是商业同盟。与此同时，店中店也是寄居在大店屋檐之下，多数情况下，难以完全按照自身的喜好开展运营，既要保持特色，又要因势就型，对设计的要求很高。

设计不仅仅是提供销售场所和装饰一个唯美空间，从更高的层面解读，店中店设计更接近于商务模式

图2-23　新华·红星国际店中店 / 上海

图2-24　无印良品空间局部 / 日本

设计，涉及从战略到运营的方方面面。其中包括理念与文化体系、产品与服务体系、价值分配与管理体系、客户增值与控制体系等，既要有整体观、全局观，还要在系统性的基础上找准关键环节，深度挖掘和论证，才可能在实战中有可修正的基础。在战略规划清晰的前提下，产品体系、管理者和运营体系，是店中店发展基础的三个重点方面，是设计的重点。通过完善设计，在需求这个万有引力的引领下，使三者不断提升，又相互渗透、相互整合、相互碰撞，从而发挥出巨大势能，凝聚消费者，进而达到大店、本店等相关利益主体的目标期望（图2-27）。

### （3）共享空间

① 室内步行街。室内步行街被称为线形共享空间的代表，指在商业建筑室内空间中，与城市街道空间形似的，具备线性结构模式的内部共享空间。

商场建筑在向大型化、综合化的发展过程中，从传统的街市空间汲取营养，使商场建筑空间与城市空间有更多的相似性。街道是组成城市结构的线性开放场所，具有深厚的历史底蕴，是城市中最有魅力的部分，容纳着人们大部分的社交生活，平衡着人们的各种需要。因此，将街道空间移植到商业建筑中，室外空间室内化，城市和自然空间室内化是商业建筑发展的一个趋势。这一结构模式丰富了商业业态，营造了更多的商机。

步行系统的流动性使空间极富生命力，公共空间也因为流动的步行体系而变得丰富多变，空间中因为

图2-25 新华·红星国际/上海

图2-26 侨福芳草地/北京

图2-27 中央大道店中店/大连

有步行这个因素，而一下子就"动"了起来。商场中楼梯、自动扶梯、观光电梯、空中步道、平台、娱乐设施构件等，在建筑中形成穿插和交错，穿插与交错形成空间的丰富和有趣，有时也会造成空间的矛盾和复杂。

大型商业空间中的步行街已不再是简单的购物通道，而演变成重要的公共活动区域，它通过提供良好的景观和设施，以优美的环境满足购物者逛街漫步、餐饮和交往的需要（图2-28）。

② 中庭空间。中庭是商场建筑空间中最具特色的部分，最能体现建筑师的创造性和建筑性格，对建筑师制约较少。中庭的大空间性、综合性和非特异性决定了其建筑设计上丰富的可塑性（图2-29）。

中庭：在商业空间中，中庭位置常根据建筑状况、功能要求、城市景观等自由灵活布置。位于建筑中心位的一般称为中庭，是商业建筑内部交通组织、景观、休息、展示的主要场所，是内向、内敛的，整个商业空间围绕着中庭展开。

现在的商业建筑中，中庭共享空间成为一种很流行的空间处理方法。中庭既是人流交会的枢纽，又是引导顾客进入商业空间的活动中心；既可以设置供人休息和交往的空间，围绕中庭可以布置商店或营业厅，也可将中庭与步行街沟通并作为中介，引导顾客到购物空间。商场中庭的最大特点是人流量大，一般大型的商场中庭都是景观电梯和自动扶梯并用，要求空间开敞、变化丰富、环境优美。当然，也有一些中庭的功能以休息、餐饮为主。中庭的发展日趋丰富多彩，从改善购物环境到提高商业竞争力，吸引更多的客流。

边庭：当中庭的位置被置于建筑的一侧时，一般称之为"边庭"。它虽然从属于建筑，但却是向城市空间开敞的，是建筑空间和城市空间的融合部分，是内部空间外部化和外部空间内部化的结合。它为城市空间和建筑形态带来视觉上的活跃感，使两者的界面变得有层次、有深度、有人情味。边庭常和出入口门厅相结合，成为由城市空间进入建筑空间的过渡和中介，使人在接近和步入建筑时获得愉悦、自然的感受。

图2-28　K11购物中心/上海

图2-29 东京中城 / 日本

图2-30 东京中诚——光 / 日本

图2-31 六本木——水 / 日本

光：自然光是传递视觉信息的媒介，它在建筑中的作用是绝妙的，甚至可以与实际的物质一起被当作"建筑材料"来应用。一般的中庭空间通过屋顶天窗采光，自然光线的引入极大地丰富了室内空间的表现力。通过光的直射、反射、折射以及不同季节、不同时刻的光影变化，可以塑造出千变万化的视觉环境（图2-30）。

水：水在中庭里，会使人产生活跃的联想。水之所以引起人们的愉快感，主要在于其表面和气氛的多样性，难以捉摸性，平静与波动、幻觉与真实性以及声响等。水可以唤起人们对自然景物的联想，它能产生倒影、延伸空间、衬托背景，它是将静态的建筑变成动态建筑的因素之一（图2-31）。

植物：植物是中庭里最具生命力的要素。它生机勃勃，使空间轻松、自然；它能形成空间虚实分隔，形成独立的空间区域。绿色草木能为室内增加安逸娴静的色调，使人感到舒适愉快。它自由活泼的姿态和几何的空间形成对比，使人感到柔和丰富（图2-32）。

图2-32 东京中诚——植物 / 日本

## ▶▶▶ 7. 局部空间设计

### （1）入口

入口是室内外空间的连接点和分界点，是城市公共空间到商业建筑内部空间的过渡，承担着将城市空间引入建筑空间的作用，是形成空间序列感和节奏性的关键，是整个商业建筑重要的公共空间之一。大部分的购物中心设置多个入口，或从附近的街道和交通中转站进入，或从停车场和车库进入。出入口的位置必须合理，大小及其与街面的关系应根据人流量的分布状况和具体位置的情况确定。入口的门必须方便所有人轻松进入，因此，门的尺寸要足够大，以免造成拥堵。

不同店面的门的设计风格与尺度相差很大，由过去的传统材料发展到现在玻璃门、感应门以及多种材料组合的异形门，并出现了不同的装饰风格，通过各种门的造型能体现店面的不同特点，从而达到吸引消费者的目的（图2-33、图2-34）。

尽管商业建筑的建筑形式和招牌各异，但其入口都有一个共同点，即吸引消费者的注意，激发消费者的想象并抓住消费者的心，主要作用如下。

商业性：吸引消费者进入，获取潜在的商业效益。建筑入口空间一般都设计讲究，尺度适宜，结构合理，商业氛围鲜明。入口空间包括门厅室内空间、门厅外部空间。有时门厅外部空间的引导和个性魅力对吸引购物者非常重要。入口应该具有明显的识别标志，特别的建筑形象能激发人们的记忆与联想，传达一定的文化意味、民族特征、地域性信息。

过渡性：从室外到建筑内部，人们需要一个由此及彼的过渡空间。商业建筑入口空间的设计应该将城市公共空间引入，形成空间序列性和节奏性。一方面是建筑入口本身向外扩张以试图融合于街区广场；另一方面就是对内控制人车流线、展示各种性格的建筑内部空间。要建立多元化、立体化的建筑入口空间。

图2-33　商城入口 / 日本

图2-34　Bottega Veneta商城入口 / 日本

## （2）电梯口

高层建筑的发展以电梯的发明为基础，可以说明垂直交通对于现代建筑的重要性。对商场建筑而言，越是靠近地面的楼层越是商业经营的黄金铺位。而现代大中型商场的层数越来越多，甚至向高层发展，如何吸引顾客人流上行以及如何组织疏散人流下行成为设计重点（图2-35）。

现代商业空间中电梯的位置、数量的设置直接影响营业空间消费者的认可度，电梯口的空间尺度、形态同样是十分重要的，它是竖向空间转换的过渡，还有可能是地下停车场进入营业空间的主入口。直梯处于中庭的位置，通常被设计成观光梯，消除购物的疲劳，带来视觉的愉悦。

作为整体营业空间中的辅助空间部分，电梯不可能成为设计的重点，光照适度，色彩和材料的设计自然、经济、舒适即可，整体的设计还是统一在大的主题表现之中。

① 形态与尺度。电梯口的形态有独立和模糊的区分，这与建筑、经营、设计等诸多因素相关。围合的电梯口首先要思考与其他空间的很好过渡，要预判最大人流可能带来的拥挤、上下人流如何尽快分流。空间尺度要适中，大了浪费空间，过小会存在安全隐患，应结合具体位置灵活掌握。没有明显的口状围合在现实的案例中也常常见到，设计的重点只是在电梯门套上做文章，形式与整体相协调。比如观光直梯，作为中庭空间中的功能细部，与过道连接，与大厅相融，只要电梯口不与墙、柱的位置太近，没有功能设置和零售点就行，即使有，间距也要控制在5~8m以上。

② 氛围与导视。电梯口是整体商业氛围中不可分割的一部分，空间语言与整体相呼应，若想有所追求，往往在电梯口这面墙体上做些文章。结合照明、色彩，可以设计得丰富且有创意，材料选择一般为大理石、金属、木材、玻璃等。

在这样的空间里，有的消费者目标明确、迅速通过，有的可能是漫无目的地闲逛经过，这部分人的目光始终在捕捉各种信息。设计师要意识到消费者的需求，在这里需要有整体导视的说明和本楼层的商业精华。这一位置不能在地面搁置移动广告牌，墙面视觉设计不宜太多太满，否则影响通行的便捷程度。要求交通、空间以及标识系统多方面的协调合作（图2-36、图2-37）。

图2-35　柏威年商场／大连

图2-36　恒隆广场电梯口之一／大连

图2-37　东京中城电梯口之一／日本

## （3）收银台

收银台在商业空间环境中是典型的功能性设施，提供结账服务。它不仅是商业环境中的一件家具，其背景墙还承担了企业文化的宣传或者企业品牌的表现，因此被认为是设计中比较重要的细节，其设计有一定难度（图2-38）。

① 超市收银台。超市收银台不是一个而是一排，与货区的距离不能太近，也不能太远。近了没法疏散结账人流，远了会浪费正常的营业区域。每个收银台都配有传输带、收银机（与主机相连）、刷卡机、内部电话、包装袋存放柜等。设计的重点是局部照明设计、收银台台面材料的确定。

② 店中店收银台。传统的收银台比较笨重，往往在正立面立一块玻璃，在玻璃上开一个小窗，消费者站着排队。现在的收银柜与以往不同，可以根据需要设计出不同的感觉。除了与超市收银台有相同的设备外，其造型、色彩、材料可以自由表现。以下三点可以成为思考的重点。

规格：收银台在很多店中是视觉的中心，其形态、色彩、材料等隐喻了商品的概念，因此，其规格选择有时偏大。同时设计师会视空间、位置及销售的需要确定收银台的大小，同时配以局部照明。

高度：可以是立式服务，也可以是坐式服务（图2-39），还可以将服务台设计成有错落的标高，以满足残障人士的需求。

图2-38　东京中城收银台／日本

图2-39　中央大道店中店收银台／大连

形式：与整体空间文化相协调。作为空间中的细节与空间形式保持一致是应该的，统一中可以求变化，适度的对比和反差也可以尝试，还可以将收银台塑造成空间的亮点和重点（图2-40）。

③ 饮品类收银台。这类收银台的功能意义更加重要，除了结账收银外还多了一些其他服务项目，如简餐加工、饮料制作、酒水派发等。因此，其规格比上面提到的几个要大，其位置的确定也应该有所讲究。饮品类收银台其形态设计、材料的运用要与整体空间相呼应，作为整体空间的细部，在满足使用之后，应该成为空间语言的主角。材料的选择余地较大，可以是木材、金属、石材、砖材，也可以是它们的结合（图2-41）。

（4）卫生间

商业空间中卫生间的设置必不可少，作为辅助空间，属于营业空间配套设施。卫生间的设置要求科学合理，其合理的布局、整体的设计能使人充分感受到人性化设计的关爱。商业空间中卫生间设计的基本原则如下。

① 结合商场档次定位。商场公共卫生间，作为基本服务设施，依据商场档次定位配置设施，高档商场对残疾人设施配置还有专业的要求，对女性及婴童设施配置同样有标准，往往女用卫生间常附设化妆间、婴儿室等。具体设计操作时，有条件的话应把化妆间与厕所分开，同时避免从营业厅直接看到化妆间。

② 尺度合理。尺度符合人体工学要求，对几处关键的尺寸要严格把控，如洗手台的高度、小便斗的高度、坐便隔断的长与宽。舒适、合理、干净是公共卫生间设计的基本要求，除此还可以兼顾更多（图2-42、图2-43）。

③ 材料的选用。

地面：地面应考虑防滑、耐磨、易清洁等要求，并减少无为的高差，保持地面通畅、简洁。为满足地面的耐磨要求，常以同质地砖或花岗石等材料铺砌地面。

图2-40　中央大道店中店收银台/大连

图2-41 咖啡店 / 日本

图2-43 文化中心的卫生间 / 法国

墙面：常用墙砖进行铺装，有时也可以用乳胶漆等涂料涂刷或施以喷涂处理，局部墙面可做重点特殊处理（图2-44）。

顶棚：顶棚应以简洁为主，配以适度的照明。

④ 无障碍、人性化设计和多功能卫生间概念

按照以人为本的要求，需要为使用轮椅的残障人士设置专用卫生间。在条件允许的情况下，为高龄者、孕妇、携子者、携带大物件者、打算更换衣物者等各类特殊人群提供多功能服务。

图2-42 星巴克的卫生间 / 日本

图2-44 柏威年的卫生间/大连

（5）护栏

护栏在商业环境中出现较多。作为空间的细节，现代商业环境的护栏设计既是空间设计的亮点，更是活动安全的保障，首先必须满足国家对公共空间及场所中护栏的具体规范要求。

① 规范。首先，室内共用楼梯扶手高度，自踏步中心线量起至扶手上皮不宜低于900mm，水平扶手超过500mm长时，其高度不宜低于1000mm。其次，室外共用楼梯栏杆高度不宜低于1050mm，中高层住宅的楼梯栏杆高度不应低于1100mm。再次，楼梯井宽度大于200mm时，不宜选用儿童易攀登的花格做栏杆。栏杆垂直杆件之间净空不应大于110mm。

② 尺度

满足规范只是护栏设计的第一步，还需要建立与空间的和谐关系，满足人心理的尺度。有些尺寸还应有所调整，比如中庭的观景护栏，不仅要牢固，避免安全隐患，而且要在尺度上满足心理上的安全感。所以很多时候会视空间的高度、体量等在尺度上做一些加大处理。

③ 材质与工艺

考虑使用的安全性，商业空间尤其中庭空间的护栏，材料的选择多以金属为主，配以钢化玻璃。形式上与空间相协调，建立整体的文化印象。在满足功用的基础上尽显细节的结构之美、工艺之美。

## 五、训练程序

### ▶▶ 1. 任务一：商业实体店调研

以往课程中安排学生外出考察，收效甚微。学生喜欢去资料室查阅或上网浏览资料，不习惯去实体店调研。真实的空间环境感受是必要的，商业的氛围体验和销售过程的体验是不可缺少的，多看是学习设计最有效的途径，如商业销售是怎样的过程？顾客需要什么样的环境？店家如何销售自己的产品？

### ▶▶ 2. 任务二：观察体验

明确任务的同时，还要明确观察的方法，要求做好逛、看、触、记，从专业的角度去感受、认知。商业空间设计中，包括商业空间的构成方式、空间的文化表达、空间的照明设计、材料表现等内容。设计师需要了解和熟悉商业行为中更多的东西，包括销售的方式和学问，如各类商品销售需要满足怎样的条件和要求？需要怎样的空间布局？销售服务的方式是否被接受？各种层面的消费者有着怎样的个性和共性要求等。观察是为了更好地发现，分析是为了更好地思考，发现的问题越多，说明学生开始渐入佳境。所以"观察"是设计开始工作的第一步，可以帮助下一步设计少走弯路。"分析"自然成为非常重要的第二步，发现问题、查其原因、掌握规律对未来设计能产生直接的指导作用。

### ▶▶▶ 3. 任务三：记录训练

记录训练对图文结合表达非常重要，图文结合表达是对图面表现的基本要求，这里的记录训练绝不是教条的"死记硬背"。传统的观察记录设计案例和设计作品的方法，无非是徒手记录和拍照。早些年徒手的情况多见，近些年数媒技术快速发展，大大提高了人们记录的效率。单纯地记录事物的表象，相机的优势非常明显。

这里我们需要说明的是设计能力的培养以及设计思维方法的获取，要求学生从开始就有对事物内在联系进行关注，有发现事物的"慧眼"。因此，徒手记录的过程有助于对空间的认知，也是提高手绘表现能力很好的方法之一。只有勤观察和勤体验，才能不断地积累，提高专业素养。记录手绘表达这个过程要融入思维活动，这种训练能帮助学生克服"依赖资讯"。

商业空间记录训练包含以下内容。

#### （1）局部和细部

这里的局部和细部可以是营业空间中的任何部位。比如很有特点的天花、地面、墙界面、收银台等，也可以是公共空间的踏步、扶手、装饰性细部等。

#### （2）空间的布局

空间是规范的、活泼的，还是自由的；空间的形成是靠家具围合还是靠隔断建立；空间布局最大的亮点等内容。

#### （3）展柜、展架

考虑物品的存储、摆放、展示的方式及其对空间的影响。分析照明的方式、照明器具、光照的效果及其对商品表现力的影响等。

#### （4）灯箱、指示牌

思考灯箱和指示牌的视觉设计形式，及其效果对商业氛围的影响。分析文字、图形、材料质地对商业特质营造所发挥的作用。

#### （5）其他相关信息

店面、橱窗、直梯、扶梯、植物、休息椅等都是记录训练表达的内容，包括材料的质地、色彩、不同材料交接的方式及工艺等。

### ▶▶▶ 4. 任务四：记录手绘训练的评价

记录表达要求用设计师的眼光去观察，并对有参考价值的内容进行有选择的积累，这有助于训练学生大脑、眼睛和手的配合。画多了，感觉就找到了，好的习惯是素养构成的基础。这里涉及表现技能的训练，这种结合专业课题设计同时又能训练手绘技能的模式，既节约时间又目标明确，是提高学生学习兴趣的有效手段。记录手绘训练不同于临摹手绘训练，临摹是照着范画练习，对空间、形态、色彩、材料的表现无须过多思考。记录训练表达的是观察后的印象，将印象图示化，图示的过程是再次加深印象的过程。

记录训练要求学生徒手进行，这是现场观察之后由记录到表现的过程。要求学生尽可能地习惯对一些尺寸进行标注，对材料和做法尽可能用文字说明。手绘是最简洁便捷的视觉信息传达语言，很多时候手绘技能会影响沟通的效果。这种能力要求，贯穿在整个室内外环境设计学习中，是设计师进行交流和表达思维的语言。手绘图要求透视准确，信息丰富，有条件的还可以辅以简单的色彩和明暗。

## 六、思政训练项目

在完成商业空间体验和手绘记录练习时，请同学们着重思考商业空间的可持续性和社会责任问题，并提出如何设计商业空间以减少资源浪费、降低环境影响，并思考如何使商业空间对社区和社会产生积极影响。

## 七、延伸阅读与参考资源

[1] 与众不同的设计 室内设计书籍[M]. 沈阳: 辽宁科学技术出版社, 2014.

[2] 林恩, 克雷格. 一起来手绘: 给设计师的工具书[M]. 北京: 水利水电出版社, 2017.

[3] 孙科炎. 销售心理学[M]. 北京: 中国电力出版社, 2012.

# 训练二　小型服饰店设计

本节训练的内容是小型服饰店设计，学习市场分析、销售人群定位，对空间表达以传播文化服饰与感受体验为主诉求方向，既要强调服饰商品特质，体现品牌文化，突出商品展示的创意性，又要与整体空间建立和谐性、审美性的视觉语汇目标一致。设计不是纸上谈兵，画图只能代表概念的思考过程，希望能合理地使用空间，懂得经营和销售的要求，以经济的思维面对照明设计、色彩设计、材料选择等，尽可能对整体和细部都有完整性的呈现。

## 一、课程要求

课程内容：小型服饰店空间设计训练。

训练目的：本节从小型服饰店入手进行训练，引导学生开始商业空间各要素的认知与分析，主要培养学生以下几方面能力。
  1. 对服饰小型空间的创意表达能力。
  2. 探索品牌文化的表达方式，建立创新的视觉语汇，使店面具有较好的销售体验性。
  3. 确保空间的商业性、实用性、和谐性、审美性。

训练重点：1. 创意的空间形态和商品展示形式。
  2. 个性的商业销售模式和购买的体验性。
  3. 较好的选择和控制材料语言的能力。

学习难点：1. 企业和商品文化准确的表达。
  2. 产品特质的独特表现方式。
  3. 信息传递的快捷性与准确性。

思政目标：学生能够在小型服饰店设计领域更全面地思考和行动，注重创新、品牌文化、民族情怀、民族自豪感等多个层面的因素，鼓励他们将民族元素融入设计中，以反映地域特色和传统文化，为品牌增添独特魅力，成为有创造力且具备文化传承和社会责任意识的设计师。

作业时间：12 学时 + 课余时间。

相关作业：1. 开展服饰专卖店设计的调研与考察，完成一份调研报告。
  2. 选择调研空间中不超过 200m² 的小空间进行设计改良。
  3. 作业要求：前期空间分析，草图概念设计，平面图、立面图、效果图表现（电脑与手绘自选）、作品打印装订成册。

## 二、业界设计案例

### ▶▶ 1. 作品名称：深圳 CONEMOTING MARKET 买手店

项目位置：中国/深圳/雕塑家园
项目面积：580m²
主创设计师：叶梽

该设计是由地上与地下室（层高5m）空间组构而成的商铺，满足了消费者对买手店的全部想象。580m²的空间是一个制造"线上人间"的剧场。实体店的僵局和功能在 CONEMOTING MARKET 被轻松地打破，在这里，客人在店铺拍照成为价值增长点，一张网红照片的获客能力和带货潜能在线上真的无法估量！设计赋予了这个店铺全新的盈利通道（图2-45、图2-46）。

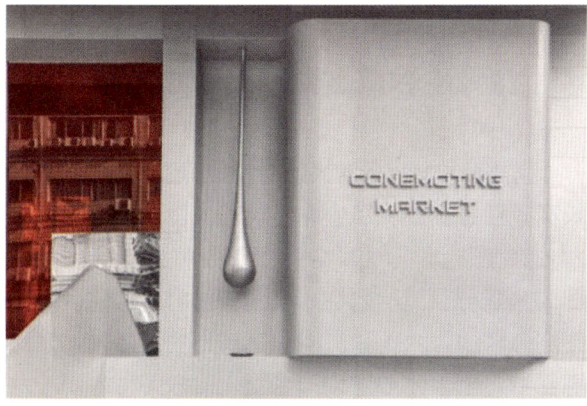

图2-45 买手店案例1

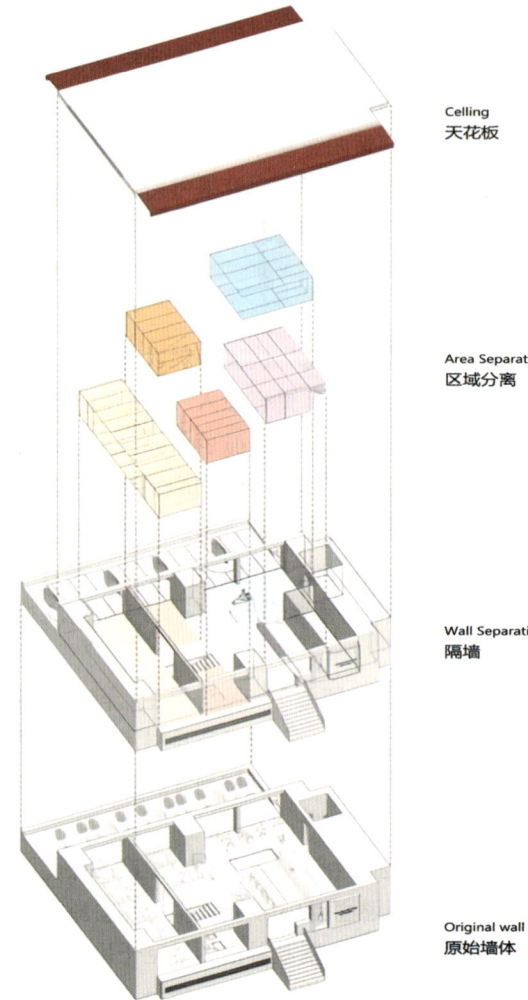
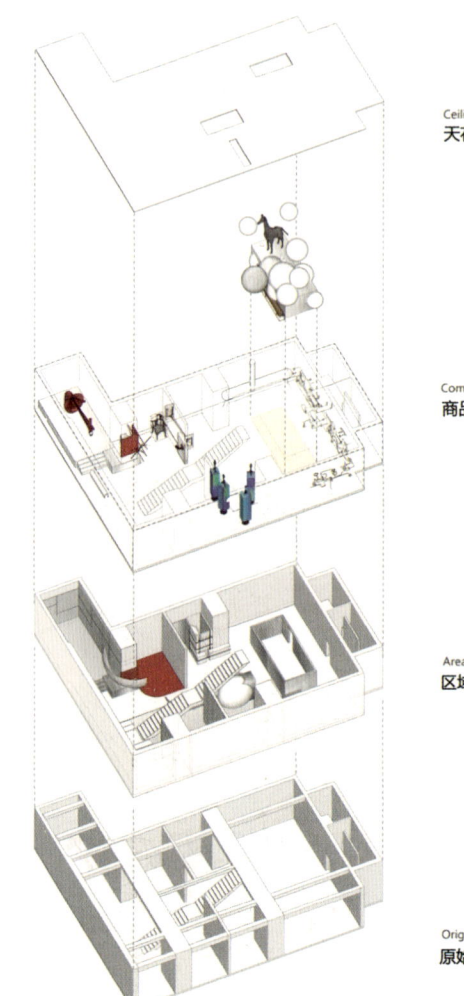

图2-46　买手店案例2

### ▶▶ 2. 作品名称：URBAN REVIVO 伦敦旗舰店

项目位置：英国
项目空间：2000m²

URBAN REVIVO 的简称是 UR，是隶属 UR LIMITED（开曼）及 UR HK LIMITED（香港）集团旗下的快时尚品牌。在 UR 打造的有趣的时尚创意空间中，可以发现属于自己的率性表达。大面积墙地一体化的色彩控制是该场所的文化指向性策略与商业攻击性体现。由中国民间茶文化器皿"紫砂"的色彩提炼的空间主色材料近乎是该案例中唯一隐晦的东方符号性表达（图 2-47）。

图2-47　URBAN REVIVO 伦敦旗舰店案例

### ▶▶▶ 3. 作品名称：伦敦 UNIVERSAL WORKS 服饰店

设计公司：Studio MUTT
项目位置：英国
项目主材：混凝土、木结构、镜面

Berwick 街 26 号与其他店面一样同属一个公司，但有细微的不同，有着自身的魅力。这种独特魅力源于店面自身的形式、氛围和地理位置，根据周围环境进行了不同的设计，让人进入建筑便马上有十分熟悉却又特别的感觉（图 2-48 至图 2-52）。

通过深入了解 UNIVERSAL WORKS 的品牌特点，设计师大胆运用天然材料，给人出乎意料的惊喜。之前的房客将原有的混凝土结构尘封了许久，现在通过粉刷上充满生机的绿色，让它重获新生，用以纪念对 UNIVERSAL WORKS 设计影响深远的工厂。室内运用了大量的镜面，由定制的木结构架起，建立视觉错觉和空间的新视角。原来的预制砌块墙现被设计成了绿色的沃刻板，用作试衣间的墙和门。

图 2-48　平面图

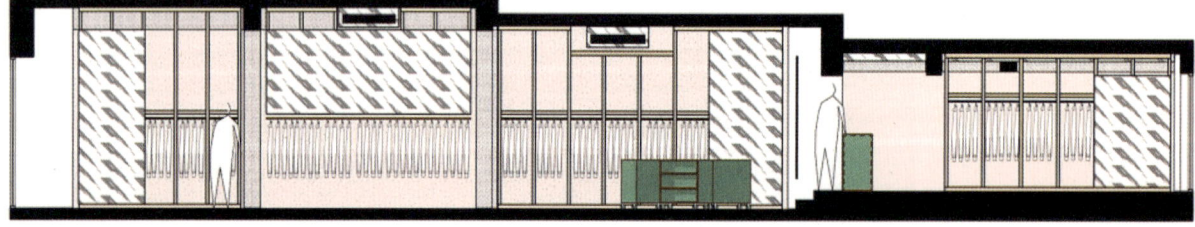

图 2-49　剖面图

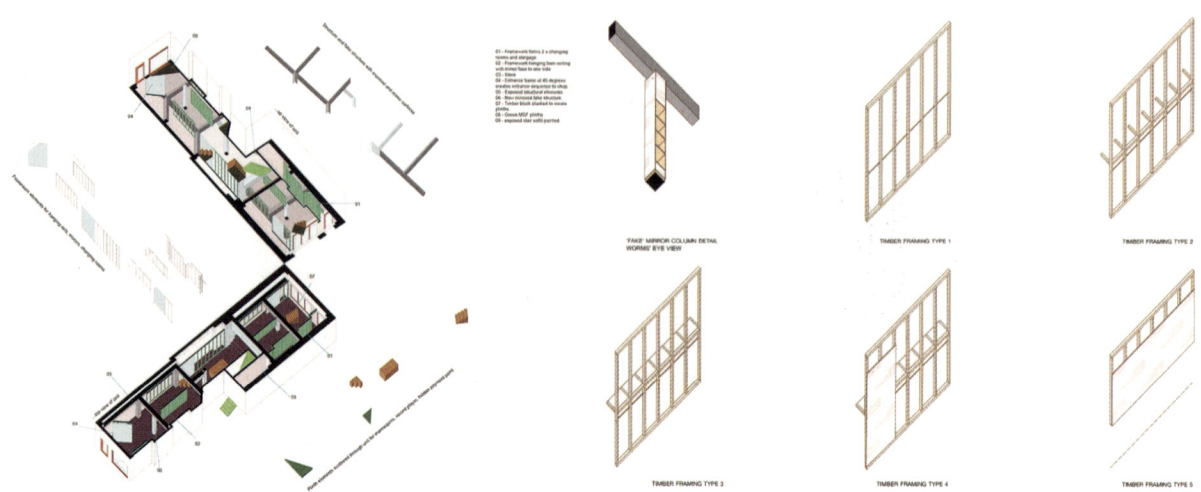

图 2-50　轴测图　　　　　　　　　图 2-51　木构架图

图2-52 UNIVERSAL WORKS 服饰店案例

## 三、学生设计案例

### ▶▶▶ 1. 作品名称：沅韵旗袍体验店

院校：大连工业大学 / 艺术设计学院
学生：费文俞

通过空间传递"灵动""韵律""如水"主题，感受空间大体围绕曲线元素展开，主要分为展示售卖与体验两大区域，展现女性特有的曲线美，在规矩中求变化，体现灵动感。融入旗袍制作原材料桑蚕丝元素形成空间线的构成（图 2-53 至图 2-57）。

东方屏风元素与空间中偏素色调希望传递东方的素雅美。旗袍体验区，通过室内外场景的布置建设，使顾客挑选的服装找到展示的空间，营造"青石板"小路，让每一个女孩子都能体会到"雨巷"的诗意，以及女性特有的美与中国的旗袍文化。将售卖与体验摄影结合，加强实体店铺吸引力。

市场分析——传统与现代，传承与创新，传统工艺与当代时尚融合，代表中国智慧与东方美的当代女性，穿着它们走向世界。

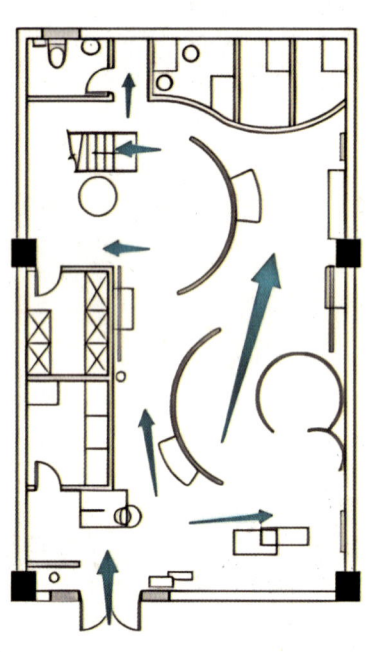

图2-53 动线分析

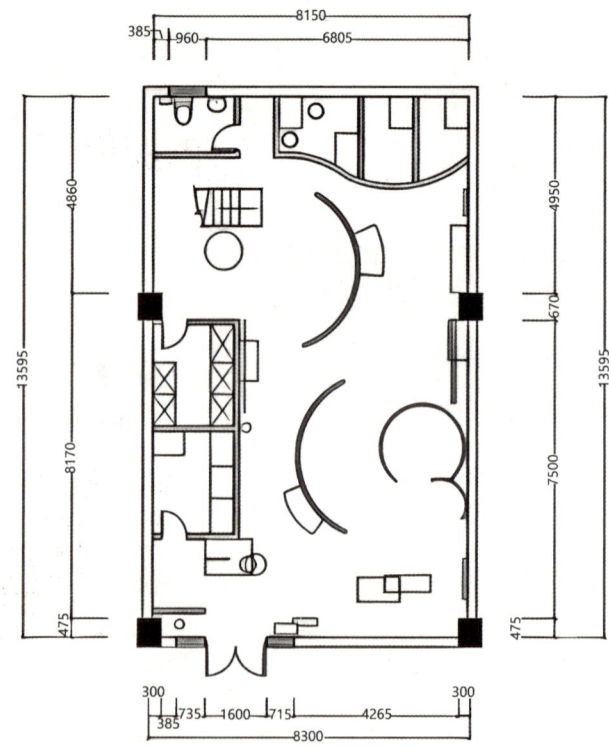

图2-54 一层平面图

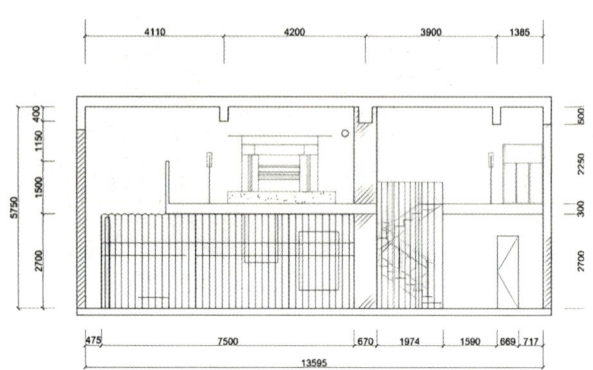

图2-55 剖面图

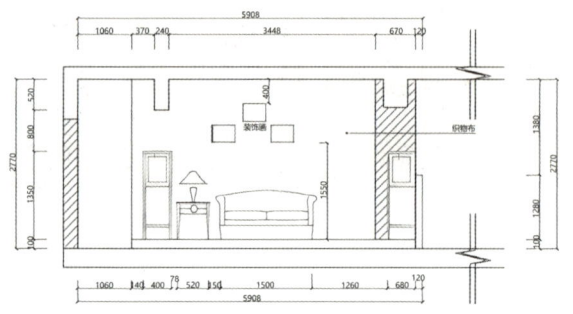

图2-56 剖面图

图2-57 设计效果图

### ▶▶ 2. 作品名称：中端女装品牌服装店

院校：大连工业大学 / 艺术设计学院
学生：穆菲菲

利用磨砂玻璃加上灯光效果做成水晶珠的效果，既起隔离空间的作用，又不会遮挡视线和灯光。

在矩形平面中，利用大量的弧形划分空间，使空间动线更为流畅（图2-58至图2-61）。

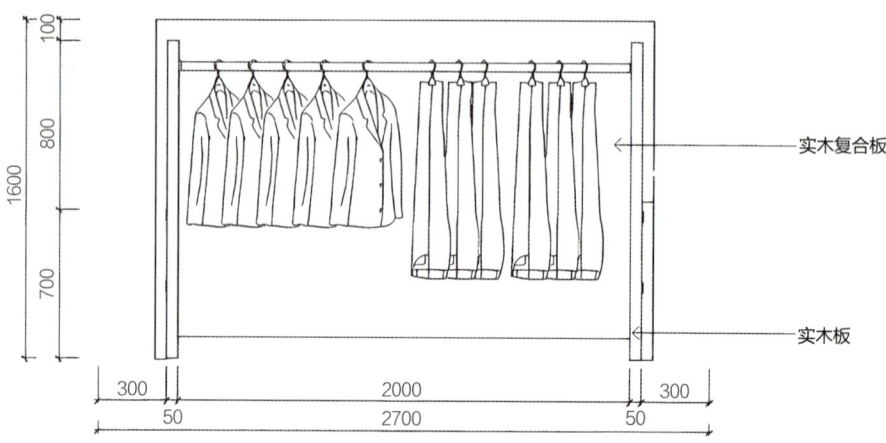

图2-58 衣架立面图

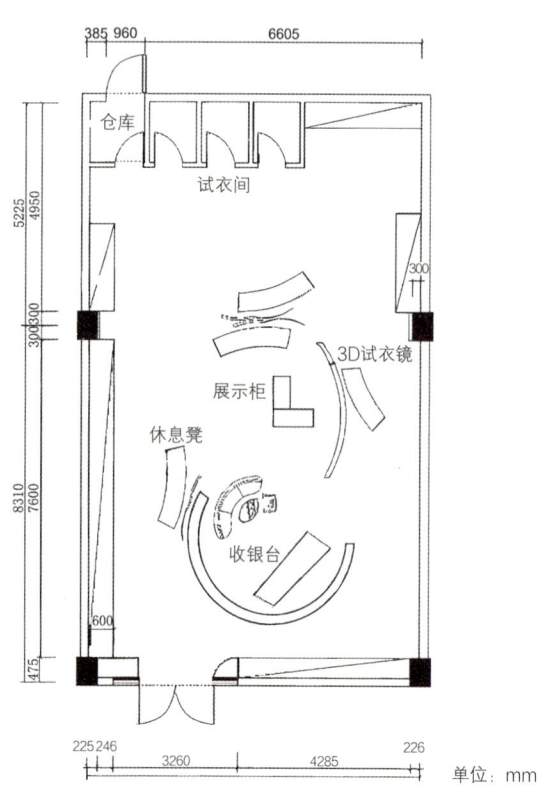

图2-59 平面布置图

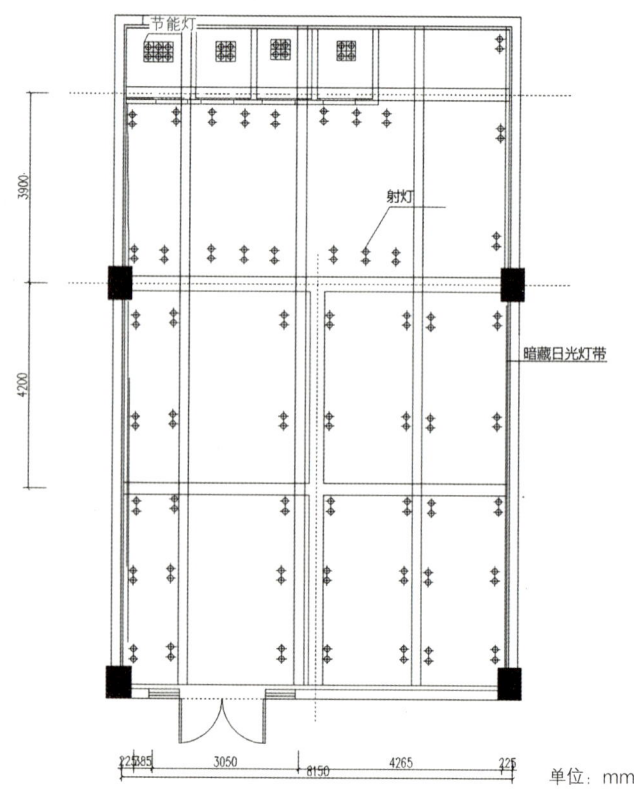

图2-60 天花灯位图

图2-61 设计效果图

### ▶▶▶ 3. 作品名称：P&P：PRIVATE PRETTY 服装店

院校：大连工业大学 / 艺术设计学院
学生：程永琪

服饰是人体的艺术，千百年来，人类一直在不断研究服饰的发展变化，以更加丰富多彩的衣着来美化自身。随着消费者消费能力的提升，在其购买服饰时已不再单纯考虑产品的基本功能，在达到一定经济水平的前提下，为了满足工作需求、心理需求、生活需求以及社交需求，会选择购买更能够表现经济实力、自身品位的品牌产品。随着信息交流速度更为快捷，品牌消费的消费群体与流行时尚需求的步伐几乎一致（图2-62至图2-65）。

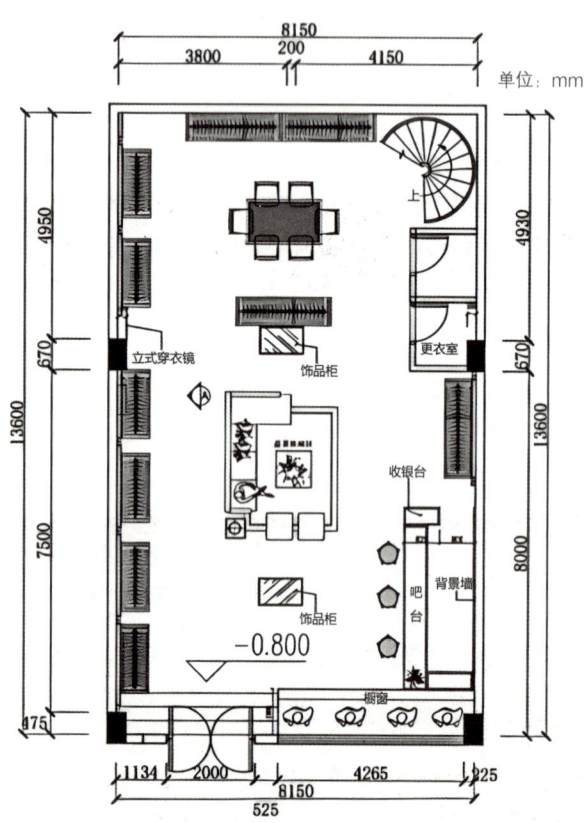

图2-62 一层平面图

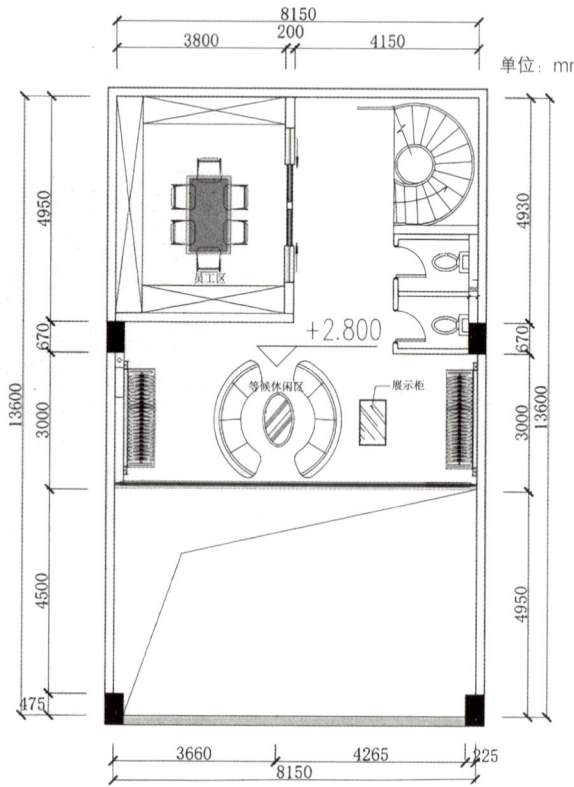

图2-63 二层平面图

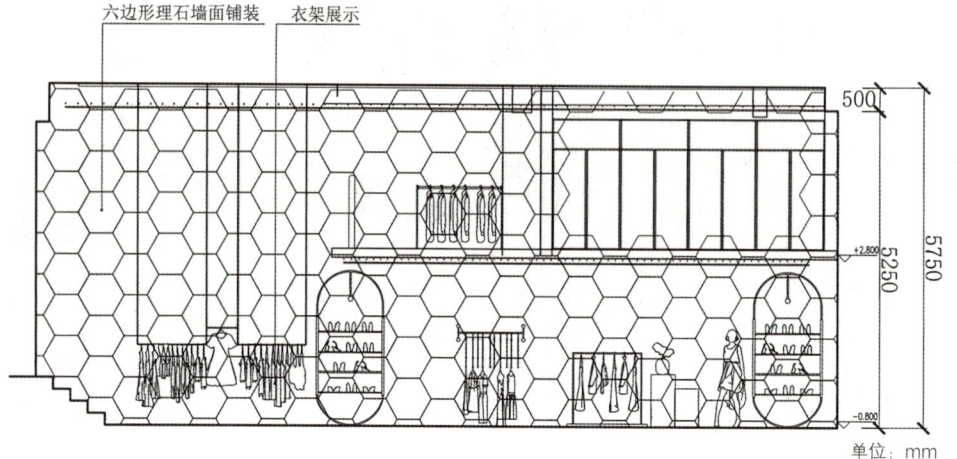

图2-64 立面图

图2-65 设计效果图

### ▶▶ 4. 作品名称：至臻服装店

院校：大连工业大学 / 艺术设计学院
学生：江萌

该设计主题为"山水之涧"，有山、水、涧三种元素，以山涧为切入点，以"水"状为天棚造型，以"云"的图案整合空间，以"山"的形状进行整体造型。用镂空铁质作为隔断将空间依次分为新品展示区、饰品展示区、热销产品区、经典产品展示区以及两个展示橱窗；用现代工艺将山涧的石头形态呈现出来，作为产品展示柜，再搭配碎石野草来烘托山涧的气氛；天棚流水造型不仅用于照明也与地面"山体"的走向相呼应。

将自然之物的形态以特殊的方式融入空间当中，再搭配服装箱包，任顾客穿梭其间，开启一段美妙的购物之旅（图2-66至图2-69）。

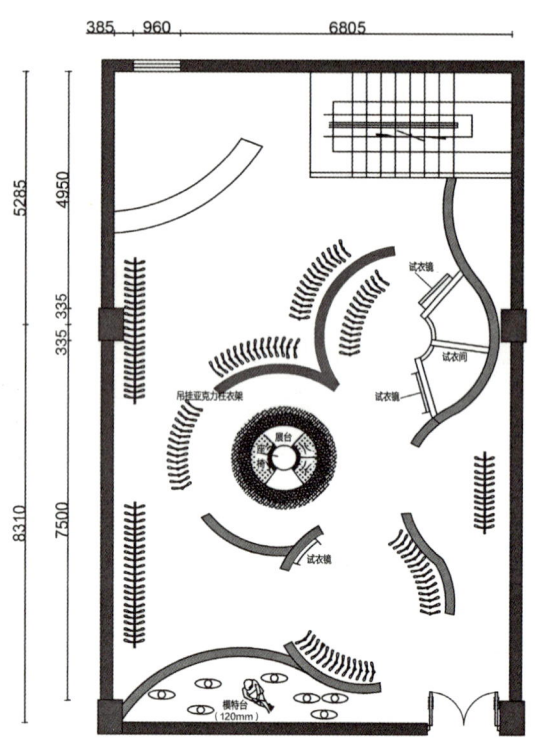

图2-66　一层平面图

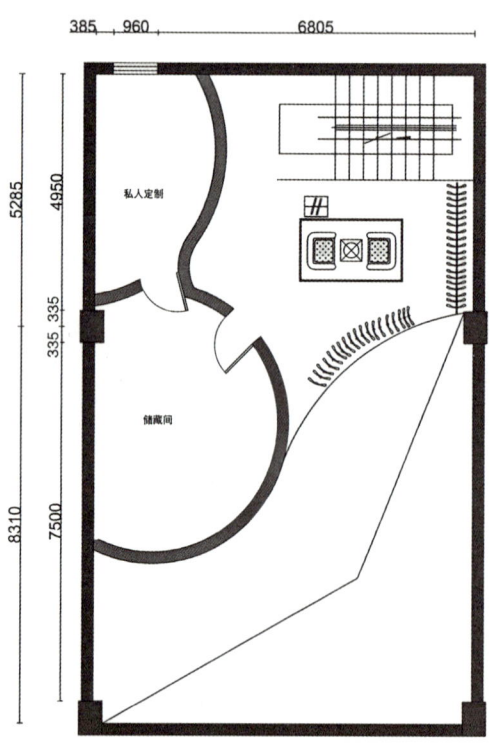

图2-67　二层平面图

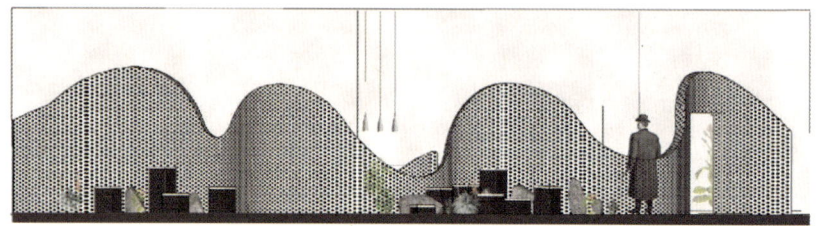

图2-68　立面图

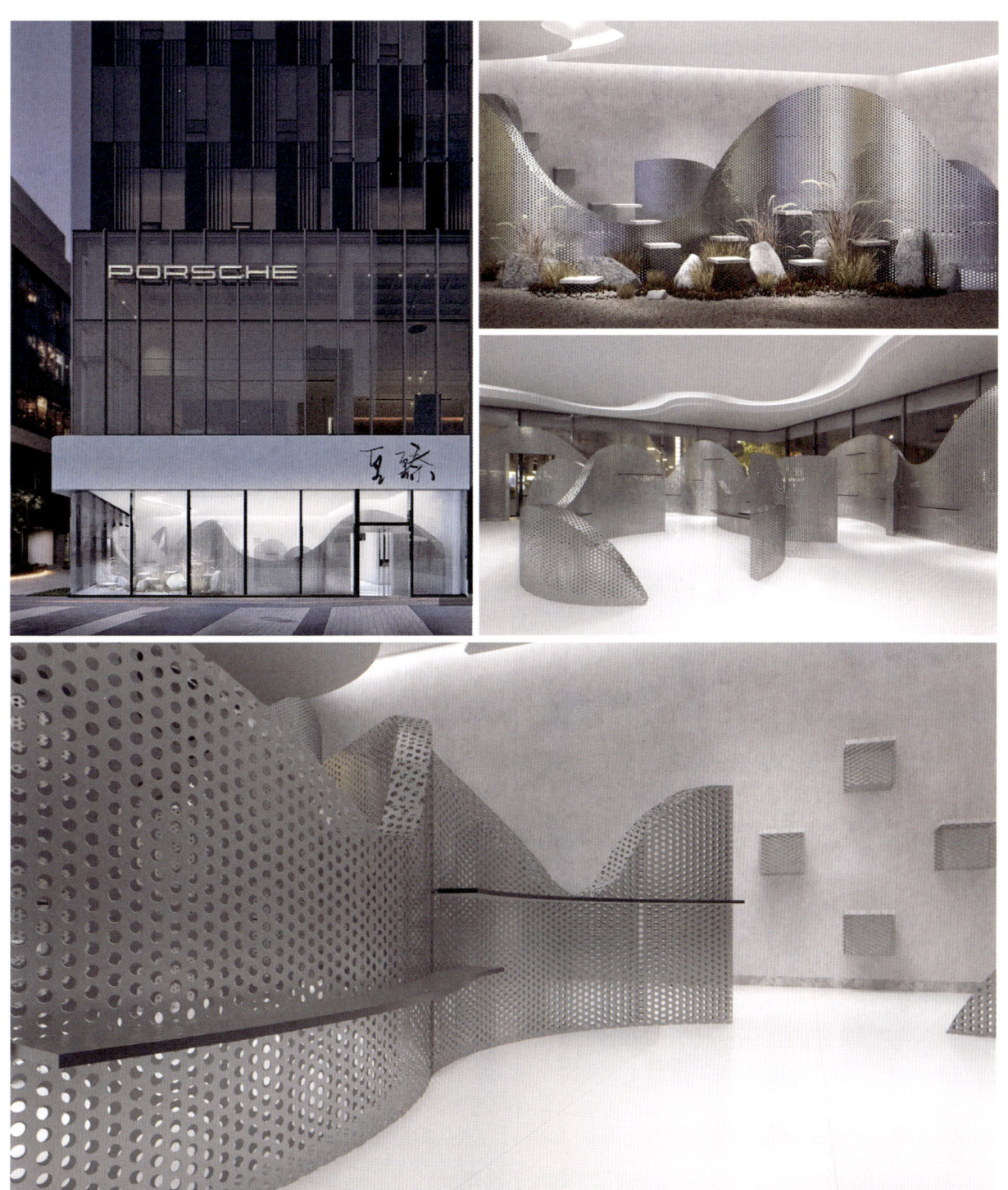

图2-69 设计效果图

## 四、知识要点

▶▶ **1. 店面与橱窗**

**（1）商业店面的意义与必要性**

店面是反映一个商业企业面貌的窗口，是传达品牌的精髓，是直接的商业广告形式，可扩大销售、争取潜在消费群体。商业店面设计不仅标志着商店的经营特色和经济实力，而且在一定程度上表达出企业的文化内涵、社会意识和装饰风格。一个好的店面创意不只是被消费者接受，重要的是让消费者感受到经营者的营销理念，体现市民的生活质量和文化取向（图2-70）。

图2-70　店面设计1 / 日本

**（2）商业店面设计的原则**

店面的形式与销售商品的内容和特点要统一；店面的设计格调要与整个建筑物和谐统一；要符合时代潮流，形式和材料要多样化；店面体量与店内空间尺度要相适应（图2-71）。

现代商业的门面装饰，应将商业化与艺术性有机结合，并且有独特的风格。店面设计必须追求文化品位与内涵。一个好的店面设计不仅从形式上追求现代和形式多样化，更重要的是表达一种思想、意境。店面设计就如同一幅广告，不仅画面构图完整，更重要的是表达所设计的产品属性。钟表店、服装店、咖啡店等都有不同的特点，因此在设计之前必须挖掘其历史背景、明确其文化品位。从城市整体环境、商业街区的景观出发，以此作为构思的依据，并充分考虑地区特色、历史文脉、商业文化等方面的要求。不同商店的行业特性和经营特色也应尽量在店面设计中有所体现（图2-72）。

图2-71　店面设计2 / 日本

店面设计与装修应建立在仔细了解建筑结构基本情况的基础之上，研究其构架能否满足新店面的固定要求，充分利用原有构架作为店面外装修的支承和连接依托，使店面外观造型与建筑结构整体有牢固的联系，达到外观造型在技术构成上合理可行。

**（3）商业店面构成及其特点**

① 建筑。商业建筑的外观（建筑物的形体和立面），要注意立面划分的比例尺度应符合形式美规律和形式美法则，控制好墙面与门窗的虚实对比，表现界面丰富的变化层次，形体构成的光影效果，营造界面的起伏变化，创意色彩、材质的合理配置符合时代审美需求（图2-73至图2-78）。

图2-72　店面设计3 / 日本

② 招牌。招牌形象在店面设计中起很大作用。每个店面都有自己的店名、形象标志、商品标准色。随着现代科技的发展，出现了多种新型材料，给店面的设计带来了生机。声、光、电等高科技的运用，体现了时代感和当下人们的精神追求。

招牌应该具有醒目和愉悦的视觉效果，力求设计精心、造型精美、选材和加工制作精良，并对耐久、抗风、抗腐等方面有较高的要求。招牌的固定方式如下。

悬挂：传统的店面建立招牌的方式，招牌和广告直接悬挂于商店外墙面或固定在墙面上的其他构件上。这一方式快捷、方便、简单，选用木质材料较

图2-73　店面设计 / 日本

图2-74　店面设计 / 日本

图2-75　店面设计 / 日本

图2-76　店面设计 中国上海

图2-77　店面设计 / 日本东京

图2-78　橱窗设计 / 日本东京

多,采用深雕工艺,一般适用于较小的店面和店铺。

出挑:墙体固定预埋件,招牌的骨架为金属构件,与固定预埋件连接。招牌或广告从商店外墙面悬臂出挑面对的主要问题是,体量不能太大、分量不能太重,且必须考虑风阻,因为任何时候安全总是第一位的。

附属固定:以招牌或广告的字体图案(或连同底板)直接固定在外墙、雨篷上或建筑物的檐部上端,招牌的大小比例要控制好,太大太小都不可取,选择材料一定要考虑固定的方式。

单独设置:招牌或广告以平面或立体的形式独立设置于商店前的地面、外墙或屋顶,讲求形象生动、趣味性和标识性强。

③橱窗。优秀的橱窗设计能够给人难忘的视觉印象。橱窗展示不能只是让人看过后记住某一款商品,它展示的应是享受生活的方式。"眼睛是心灵的窗口",那么橱窗就是店面的眼睛,商店的橱窗陈列应是美丽的、会交流的眼睛。橱窗好比一本流行杂志的书目,在尚未进入商场、店铺之前,来往的路人已从橱窗陈列了解到该企业的风格与精神。好的橱窗设计应该体现在以下两个方面。

首先,主题明确。有充裕的时间收集资料,可以使成品更加精致;有更新的创意,可以让来往的行人获得愉悦的感官享受,设计走在流行的尖端,给大众最新最丰富的信息。

其次,经营理念突出。优秀的橱窗设计也许是下一季流行的颜色、材质或风格,也许是一个与众不同、具有人文特色的流行话题。往来的行人透过橱窗看到的不是某一品牌服饰的广告,而是经过处理的属于这个城市的流行文化。这样的理念与创意的表现,是设计师、企划与营销部门集体智慧的结晶。

在设计橱窗时要充分考虑顾客可能的视觉方位、前行速度。色彩、灯光的设计应视具体情况给予对应处理,室外橱窗和店中店对光的要求有很大的差别,还必须考虑防尘、防寒、防盗、防晒、防震等问题。橱窗内部设计风格虽然可以独立思考,但作为店面整体的一部分,还应与店面整体设计风格有机地统一起来。

橱窗的规格相对较小,特点是更换频率快、周期短,橱窗的设计表达集中在以下三个方面。

第一是主题化表达。所谓主题化,即受众在短时间内感受到的一个主题,并且马上受到陈列的冲击,迅速感知到这一品牌,以最快的时间了解这一品牌,在最短的时间里产生印象。

第二是艺术化表达。所谓艺术化,即用抽象的理念、艺术的形式来叙述陈列的故事，阐述的是一个想法、一个概念。

第三是商品化表达。所谓商品化，就是商品直接的表达，清楚地告诉受众商品的特点、价格，以及使用的对象、方式。

▶▶▶ **2. 材料与应用**

材料的确定是商业空间设计中的一项重要的工作。材料的种类繁多，不同的材料有不同的质感、不同的视觉效果、不同的色彩以及不同的价格等。在商业空间设计中，设计师应根据内部空间的使用性质和投资情况，选择相应的材料，充分利用材料固有质感的视觉效果，创造恰当的空间氛围，保证设计方案顺利实现（表2-2）。建筑材料的选择对设计师来说是一项重要的工作内容，既有效果的追求，又有经济性的考量，应在设计任务中详细描述每一种材料的规格、供应商、价格。

表2-2　　　　　　　　　　商业空间主要界面材料使用对应表

| 界面类型 | 装饰材料品种 | 举例 |
|---|---|---|
| 天棚 | 木质装饰板 | 木丝板、软质穿孔吸声纤维板、硬质穿孔吸声纤维板、软木板 |
| | 矿物吸声板 | 珍珠岩吸声板、矿棉吸声板、玻璃棉吸声板、石膏吸声板、石膏装饰板 |
| | 金属吊顶板 | 铝合金吊顶板、金属微穿孔吸声吊顶板、金属箔贴面吊顶板 |
| 墙面（柱）| 墙面涂料 | 墙面漆、有机涂料、无机涂料 |
| | 墙纸 | 纸面纸基壁纸、纺织物壁纸、天然材料壁纸、塑料壁纸 |
| | 装饰板 | 木质面板、木质装饰人造板、树脂浸渍纸高压装饰层积板、塑料装饰板、金属装饰板、矿物装饰板、陶瓷装饰壁画、穿孔装饰吸音板、植绒装饰吸音板 |
| | 墙布 | 玻璃纤维贴墙布、麻纤无纺墙布、化纤墙布 |
| | 石面板 | 天然大理石、天然花岗石、人造大理石饰面板、水磨石饰面板 |
| | 墙面砖 | 陶瓷釉面砖、陶瓷墙面砖、陶瓷锦砖、玻璃马赛克 |
| 地面 | 地面漆 | 地板漆、水性地面涂料、乳液型地面涂料、溶剂型地面涂料 |
| | 地板 | 实木条状地板、实木拼花地板、实木复合地板、人造板地板、复合强化地板、薄木敷贴地板、立木拼花地板、集成地板、竹质条状地板、竹质拼花地板 |
| | 聚合物地坪 | 聚醋酸乙烯地坪、环氧地坪、聚酯地坪、聚氨酯地坪 |
| | 地面砖 | 水泥花阶砖、水磨石预制地砖、陶瓷地面砖、马赛克地砖、现浇水磨石地面 |
| | 塑料地板 | 印花压花塑料地板、碎粒花纹地板、发泡塑料地板、塑料地面卷材 |
| | 地毯 | 纯毛地毯、混纺地毯、合成纤维地毯、塑料地毯、植物纤维地毯 |

**（1）材料的分类**

根据材料的性能，可分为：木材、石材、金属、玻璃、陶瓷、涂料、织物、墙纸和墙布等。本节主要描述商业空间中常见的材料。

木材，在商业空间设计中较为常见。木材有质地、明暗、花纹等方面的差异。木材应用在商业空间可以成为固定装置，如吊顶用的木龙骨、地板铺装的木龙骨等，常见木材有松木、杉木等。用于室内工程及家具制造的主要饰面材料有胡桃木、柚木、樱桃木、榉木、枫木等。随着环保意识的增强，中密度纤维板和硬纸板开始成为主流（图2-79、图2-80）。

图2-79　木作主材吊顶1 / 日本

图2-80　木作主材吊顶2／日本

图2-81　石材主材墙面／日本

石材，分为两大部分：天然石材与人造石材（图2-81）。

天然石材分为花岗岩和大理石两大类。市场上常见纹理丰富、色彩多样的天然石材多为大理石，由于其质地较软（相比花岗岩），所以在商业空间设计中一般用于室内地面和墙面。花岗岩的外表多以颗粒状出现，质坚硬密，多用于建筑外装饰或室内地面。商业空间室内的石材选择上多以大理石为主，其品种繁多、花样丰富、色泽选择空间大等特点是消费者及室内设计师所喜爱的重要因素。但是，对天然材料的保护是我们每一个设计师的责任，大理石要慎用，这是一种素养，过度开采、切割、打磨是对资源的浪费。

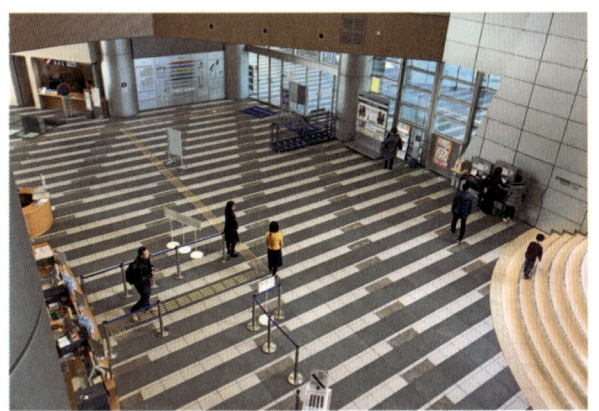

图2-82　人造石地面1／日本

人造石可分为纯亚克力、复合亚克力及聚酯板。同天然石材相比，人造石更环保，无毒、无辐射。人造石可塑性强，可加热弯曲成型，更能满足设计师天马行空的创意理念；颜色丰富多彩，可满足商业空间各种不同的设计要求。人造石材一般用于收银台面、窗台板、酒吧吧台、楼梯扶手、墙身、圆柱、方柱等处，较少用于地面（图2-82、图2-83）。

金属材料，主要有钢、不锈钢、铝、铜、铁等，钢、不锈钢及铝材具有现代感，而铜较华丽，铁则古朴厚重，不同的金属材料能够表达不同的情感空间。

不锈钢在商业空间室内装修中的应用非常广泛，可分为镜面板、雾面板、拉丝面板、腐蚀雕刻板等。钢材可用于空间的结构建造，可制成平板、波形板或压形板，也可压制成各种断面的异型材。其表面光平、光泽细腻，多用于门窗框。铜材在建筑环境

图2-83　人造石地面2／日本

图2-84 金属结构顶棚／日本

中的应用也很广泛，多被制作铜质装饰件、铜浮雕、门、门框、栏杆及五金配件等（图2-84）。

图2-85 玻璃橱窗／日本

玻璃，在商业空间中的应用非常广泛，从橱窗到室内门、隔断、墙体、装饰灯具等都会用到。玻璃主要分为平板玻璃和特种玻璃。平板玻璃即常见且熟知的玻璃，厚度为3~12mm，可选择空间大，可用于隔板、展示柜、弹簧玻璃门等。特种玻璃可分为钢化玻璃、磨砂玻璃、压花玻璃、夹层玻璃、防弹玻璃、热弯玻璃、玻璃砖等（图2-85）。

涂料，是一种含有颜料或不含颜料的化工产品，施工方便、造价经济，而且色彩丰富，装饰性强。涂料包含了油漆，可以分为水性漆和油性漆，随着石油化学工业的发展，使用场合也越来越广。涂料按其成分，可分为乳胶漆、调和漆、防锈漆、磁漆、洁漆、银粉漆等（图2-86）。

图2-86 民宿空间涂料墙面／上海

瓷砖，结实耐用，成本经济，施工快捷。瓷砖按照制作工艺及特色，可分为釉面砖、通体砖、抛光砖、玻化砖及马赛克，可以在墙面、地面广泛使用，面层有亚光和亮光区别。

墙纸，是传统的装饰材料，室内装修中使用较为广泛，其图案变化多样，色彩丰富，通过印花、压花、发泡等工艺可以很好地装饰界面。墙纸除了美观外，还具有耐用、易清洗、寿命长、施工方便等特点，尤其图案、色彩的丰富性是其他任何墙面装饰材料所不能比的，且墙纸最大的优点是可回收（图2-87）。

图2-87 墙纸墙界面／日本

## （2）材料的功能与应用原则

实用功能：耐磨、防潮、防滑、吸音、隔音、隔热等。

装饰功能：相对于材料的使用功能来说，大部分材料同时具有相应的装饰功能。

应用原则：由于不同的材性、材型的特点，材料的使用一定要与空间相联系，与工艺相结合，还要考虑材料价格的影响和制约（图2-88）。

▶▶▶ 3. 商业内环境的界面与材料

界面涵盖了建筑内部的分隔实体，强调了三维空间中面的分隔作用。界面是空间的分界面，建筑的空间并不是"无"，它既有边际，也有内容，其特征是内外有别。商业内环境中的地面、墙面和顶棚是商业室内空间主要界面，其设计应从整体出发，烘托氛围，突出商品和刺激消费，是形成良好的购物环境的基础。

地面，是内环境重要的界面之一。商业空间环境气氛的获得，很大程度上来源于人们对周身近距离范围里元素的感受和把握。满足耐久性，防滑、耐磨、易清洁、经济性等要求，是材料选择的关键。地面要减少无谓的高差，保持通行顺畅。和墙界面一样，地界面也被视为室外地面的扩散和延续，不同区域材料的变化必须满足经济设计和空间环保设计的要求（图2-89、图2-90）。

图2-88　眼镜专卖店 / 日本

图2-89 美发店地面设计/大连

图2-90 商务酒店地面设计/日本

墙面，是商业文化建立的重要构成要素。中庭设计中的墙界面往往比较丰富，连续回廊构成的侧界面可产生强烈的虚实对比效果，并以其与人距离非常近的尺度创造丰富而亲切的空间气氛。结合回廊可以设置一些休息和停留的空间，使人们可以不受交通影响，在此逗留，观赏共享空间，同时它还可打破侧界面的单调，增加与共享空间之间的过渡层次，使之丰富生动。内环境墙界面的裸露几乎很少，基本上被货架、货柜、灯箱等遮挡，一般只需用乳胶漆等涂料涂刷或施以喷涂工艺简单处理即可；局部墙面可做重点特殊处理，营业厅中的独立柱面往往在顾客的最佳视觉范围内，因此柱面通常是塑造室内整体风格的基本点，需要与灯箱、展架结合（图2-91）。

顶棚，是重要的内环境空间界面，是形成空间意境最直接的视觉元素。现代商业空间对顶棚的设计是区域有别的，中庭一般采用玻璃顶或者局部玻璃顶。玻璃在隔离自然气候影响的同时引入了自然光线，还把人的视域引向自然的天空，保持了室内室外的信息沟通，其优美多姿的造型，也是形成公共空间气氛特点的重要因素。顶界面的平面形状由顶棚的结构形式决定，本身也具有美学特征。通常平面形状有简洁的正三角形、正多边形或是像圆形这样的对称性空间，呈现静态稳定的感觉，圆形还具有强烈的向心感和流动感，常是广场式公共空间的基本平面形。在这些简单形状上可搭配锥形、圆拱形或穹庐形天窗，以加强空间的凝聚力。顶界面的形式美还与其结构形式息息相关，在明亮天光的对比下，顶棚结构呈现出结构的线条美、图案美。

## 五、训练程序

### ▶▶ 1. 调研分析

实体店调研，到现实的商业空间环境中，感受优秀设计实例。服饰店不是一般意义的售卖场所，它同时传达着各种信息，如流行趋势、产品风格、企业文化、品牌影响力及销售文化，除此之外，它还具有更多的讯息，从一个侧面反映着这个地区或者这个城市人们消费的水准和经济发展状况。

资讯，还可以从书籍、网络中获取，及时地获得并利用它能够在相对短的时间内获得有价值的信息，资讯有时效性和地域性，它必须被设计师利用，尤其是对学生而言，这是开阔眼界、获取知识、丰富自己、建立素养最有效的手段之一。

分析收集到的资料也很重要。如何形成独特的空间语言？如何引领消费、实现经营者的理念？服饰展示、照明设计、材料选择，这些都是分析的重要内容。

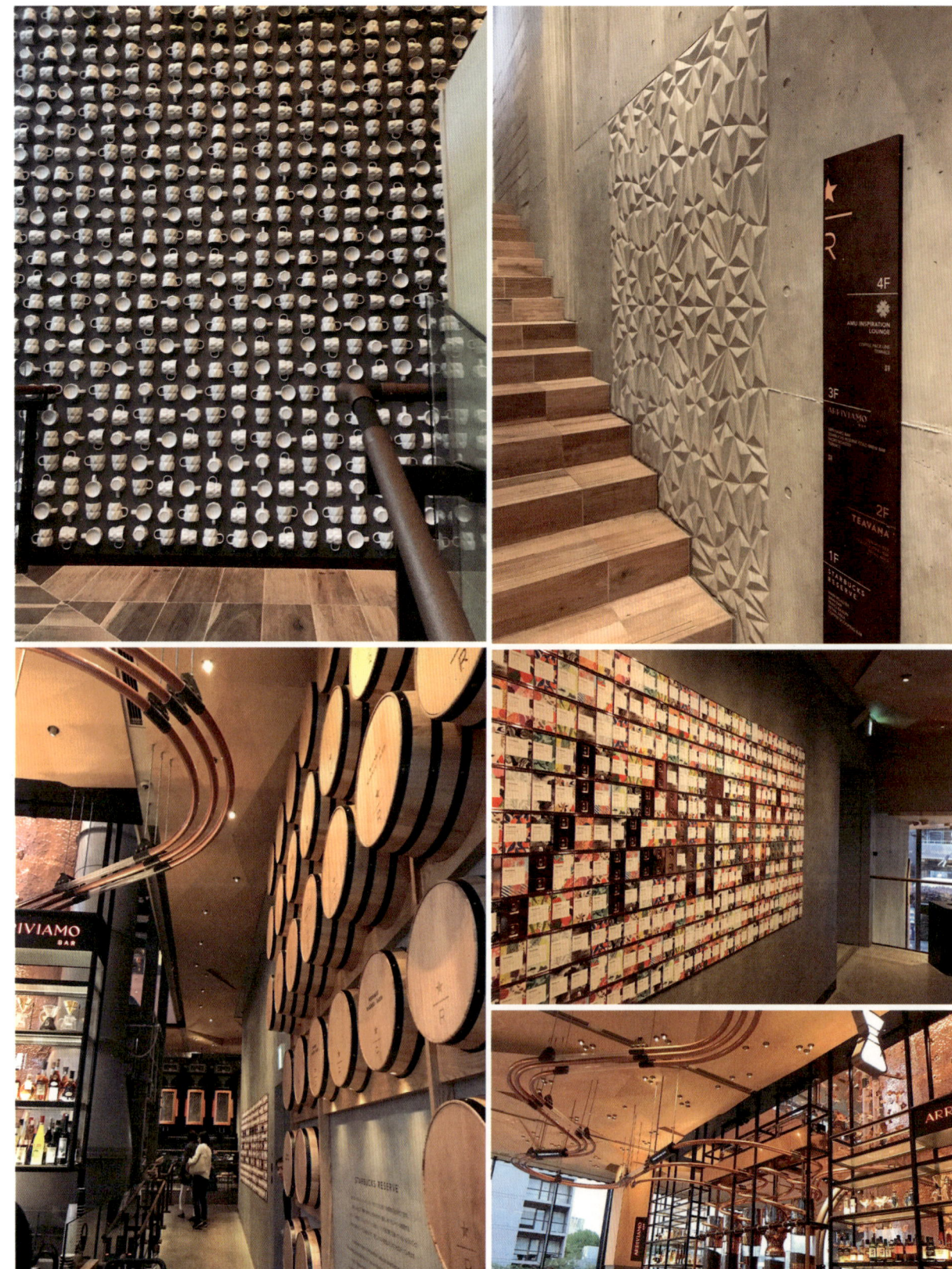

图2-91 星巴克旗舰店部分界面 / 日本东京

## ▶▶ 2. 概念设计

在调研、分析的基础上,结合具体设计的空间特点,进行各种方案的思考,锻炼自己用熟悉的材性语言进行空间组构,用创新的思维重新诠释空间的文化。这期间的概念设计可以通过草图表达。

空间动线:寻求自然的动线规划,满足良好的消费体验。根据商品特质确定空间的疏密关系。

陈列展示:利用各种展示技巧和方法将服饰产品统筹配置和组合,并以一种美的艺术形式体现出品牌风格与品位,为消费者创造出值得回味的感受,从生活与情境出发,塑造感官及思维认同,从而激发消费者的购买欲望,达到销售服饰商品的目的。

## ▶▶ 3. 细化设计

施工图:将概念思考转化成施工图纸。学会用图纸说话,制图要求"标准、规范、严谨",尺寸标注、材料标注、工艺标注要求精确,对特殊的造型和异形的结构,要求用剖面图、详图来绘制。

效果图:表达方式不限,可以是手绘,也可以是电脑表现。不论哪一种表达方式,都要求比较详尽地表现出服饰空间的设计风貌。主题创意、色彩设计、照明设计、经济设计是设计关注的重点。

材料表:用文字和图表的方式,制作主要材料一览表,根据材料属性分类,表中信息包含材料名称、规格、数量、厂家、参考价格等。

## ▶▶ 4. 作业评价

① 创新思维的体现与表达,设计有没有帮助消费者建立起对商业场所的第一印象?漂亮不是设计的目的,设计的目标是更好地创造价值。对商业的特性、商业的经营理念的思考,是作业中要体现的。

② 主题定位是否准确,商品展陈表现有没有独特的角度?强调思考的过程,设计教育要求学生设计一定要有原创性,没有想法的设计是平庸的,而且毫无意义。鼓励学生从思维的萌芽开始,大胆去想,将图形的变化过程、发散的步骤以及经历过怎样的反思、碰撞、跳跃,用草图一一记录。

③ 表达评价,图纸表达是否完整、标准。除了画出空间的平面、立面、天花、地面外,还要求对特殊的展架和相关物件有详图和节点大样,对一些尺寸标注和做法进行文字叙述。

④ 效果图评价。表现技术不限,手绘表现或电脑制作都可以,只要能清楚地表达设计思想。手绘效果图要求建立好空间关系,透视准确、比例协调,结构关系表达明确。建立好线性与材质的关系,辅以简单的色彩和明暗。电脑效果图要求视点准确、角度表现完整、材质逼真、照明真实、色彩舒适、整体意境表达清晰。

## 六、思政训练项目

为国产服装品牌鸿星尔克设计服饰店,以体现其品牌核心价值和国际影响力。以下是具体要求:

① 品牌文化的表达:学生需要深入了解鸿星尔克品牌的核心价值观,以确保设计能够有效地表达该品牌的中国、青春、运动、阳光等特质。设计应以品牌的标志性元素为灵感,创造一个能够引起消费者情感共鸣的空间。

② 创新性和独特性:鼓励学生在设计中展现创新性和独特性,以吸引年轻消费者并提高品牌的吸引力。设计应融合东方美学和时尚趋势,呈现出独特的风格和设计元素。

③ 中华文明的传承:学生需要在设计中体现对中华文明的尊重和传承,通过空间元素、装饰、图案等方式,展示中国悠久的历史和文化传统。设计应呼应鸿星尔克的使命,向世界展示中华文明的源远流长。

学生将被激励为鸿星尔克设计一个兼具现代时尚和中华文明传承的服饰店,强调品牌文化、创新、国际视野、可持续性、消费体验以及中华文明的传承,从而更好地体现品牌的使命和价值观。

## 七、延伸阅读与参考资源

[1]刘晓刚,等.品牌服装设计[M].上海:东华大学出版社,2019.

[2]林立文.服装销售细节全书[M].上海:华中科技出版社,2016.

[3]王澍.造房子[M].长沙:湖南美术出版社,2016.

# 训练三　店中店设计

在现代各类独立式商业空间中，店中店经营模式占有重要地位。店中店个体的空间布置比较自由，追求独特的风格以凸显品牌文化特色。店中店设计更接近商务模式设计，涉及战略到运营的方方面面。其中包括理念与文化体系、产品与服务体系、价值分配与管理体系、客户增值与控制体系等，既需要有整体观、全局观，还要在系统性的基础上找准关键环节，深度挖掘和论证，才可能较好地实现价值。对文化的诠释不应仅是富有艺术性，更应该具有生活气息、时尚气息和商业氛围。

## 一、课程要求

课程内容：店中店空间设计训练。

训练目的：本节通过对商业空间环境中独立店铺的设计训练，帮助学生基本了解和体会各类商业模式的差异，对文化、品牌、管理、销售、服务等有全面的了解和思考。强调销售的特色和特点，培养学生建立局部空间与整体环境关系的能力。

训练重点：1. 强调商业思维的逻辑性。
2. 沟通与交流。

学习难点：1. 不同的商业业态、不同的销售方式对设计的影响，谋求创新的空间表达方式。
2. 设计的经济性与商业运行成本的核算能力。

思政目标：社会责任感与民生关怀：帮助学生理解社会责任的重要性，引导他们在设计中融入民生关怀和服务百姓民生的元素。培养学生的社会责任感，使他们能够为社会做出积极贡献。
创新与情感连接：鼓励学生思考如何在设计中创造情感黏性的体验，以建立深厚的情感连接。学生应了解顾客的情感需求，为他们提供更有意义的空间体验。

作业时间：课堂 15 学时 + 课余时间。

相关作业：任选一项商业业态（饮品、儿童、女性、休闲、运动等空间）进行设计训练，任务空间有教师指定、学生自选、大赛命题等。空间原则上控制在 200m² 内。

1. 课程考察调研，交课程考察报告。
2. 作业要求
①概念设计；
②方案设计；
③施工图（要求有主要界面的平面图、天花板图、立面图、详图）；
④效果图（手绘、电脑不限）；
⑤制作 PPT 报告册。

## 二、业界设计案例

### ▶▶▶ 1. 作品名称：SHURAN_舒然养生空间

项目位置：中国 深圳
项目面积：100m²
完成时间：2020.10
主案设计：范君健、周炫焯

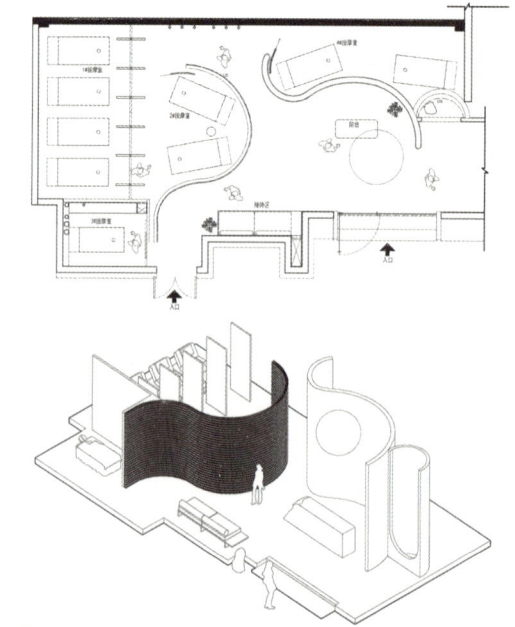

本案以"时间洞穴"为概念，旨在打造一个自然静谧的空间，"以空间之形，构筑一方净土"，让空间成为"人们寻求内心自在"的载体。希望每一个进入空间的人都能感受到舒适与放松。拉近人与人之间的距离，找到打开心灵的钥匙。整体品牌设计是打造自然与身心的结合，延续洞穴主题，提出将"圆弧形"作为贯穿品牌与空间的统一设计语言。另外，设计师提取品牌名称中的"U"作为高度浓缩的品牌印象，在读音及形体上都有很强的代表性（图2-92）。

图2-92 舒然养生空间设计案例

## ▶▶ 2. 作品名称：海怡美甲深圳万象天地店

项目位置：深圳市南山区深南大道华润万象天地商场 4 层

面积：90m²

主创设计师：吴岫微、梁宁森

MOC DESIGN 受邀为本土品牌海怡美甲进行系统性地设计重塑，通过对品牌形象的整体规划和设计，关注品牌所处时代环境的变化，在维护原有客群的同时，也针对新的消费群体做出大胆改变。创造性地将象征着自由与美好的"羽毛"概念，落地成为想象与现实的精妙结合点，演绎出涵盖平面视觉、参与感的空间体验以及人文美学的一次品牌焕新（图2-93）。

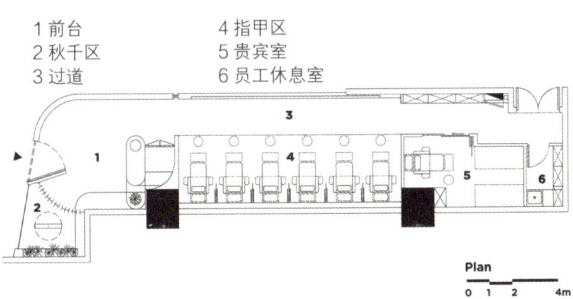

图2-93　海怡美甲设计案例

## 三、学生设计案例

### ▶▶▶ 1.《术言·如是》书吧

院校：大连工业大学／艺术设计学院
学生：项阳

业态分析：爱买书的人，不只是选书、买书这么简单，更喜欢到书店去，在书店的气味儿里游走，走近书架，享受东摸摸、西看看的惬意过程。何况，一本书常常拿到手里翻翻才确切地知道自己会不会读它。实体店的意义，是给了消费者虚拟店铺给不了的体验和心理暗示。

概念设计："木"质给人的感觉是包容、温暖，是一种情感的陪伴，可以体验出生活的舒缓。选择"木"作为空间的主基调，把"座"这个元素打散，在空间中形成多个新的开放及多元趣味性空间。

在后期设计深化中，主要材料有木饰面、水磨石、皮料、白色烤漆、金属网、彩色瓷砖等，利用材料自身的特质，进行有秩序地排列和整理，使得整个空间纯粹而又不乏细节，碰撞的语言中却又不乏秩序感（图2-94至图2-97）。

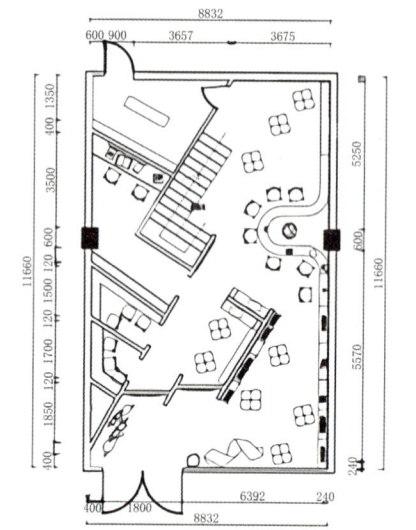

图2-94 首层平面布置图

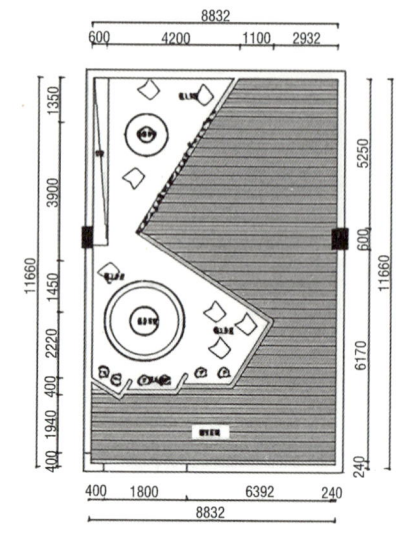

图2-95 二层平面布置图

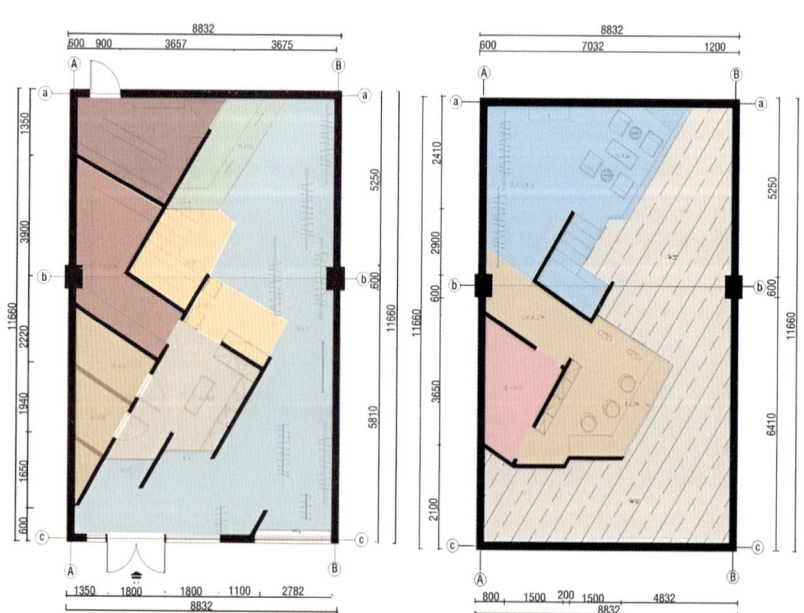

图2-96 功能分区示意图

图2-97 设计效果图

## ▶▶ 2. 亲子餐厅设计

院校：大连工业大学 / 艺术设计学院
学生：杨梓楠

市场分析：对不少新手妈妈来说，一边带娃一边跟闺蜜聚餐是她们的目标，而号称能吃又能玩的亲子餐厅恰好满足了许多妈妈的需求，而主题个性化以及在此之上形成的创新体验，正在成为亲子餐厅突围并打造品牌的关键。亲子餐厅未来发展情况可观。

业态分析：根据数据分析，2018 年中国 0 至 6 岁的儿童数量已达到 1 亿，而这个年龄段的消费市场规模在 2018 年接近 1.6 亿元，并预计将在 2023 年超过 2.1 亿元。2016 年二胎的全面开放，也为此助力，亲子餐厅便诞生于这样一个庞大的市场背景之下。

商业卖点：定制不同年龄的食物、甜点等，并且每一天还可定制不同的心情套餐。餐厅可以和家政公司合作，家长在这办公，可以选择请家政人员帮忙照看孩子，双方如果满意，甚至可进行长期服务。平时或每个重要节日可举行亲子活动。通过参加次数进行积分，结交新朋友，赢得相应礼物（图 2-98 至图 2-102）。

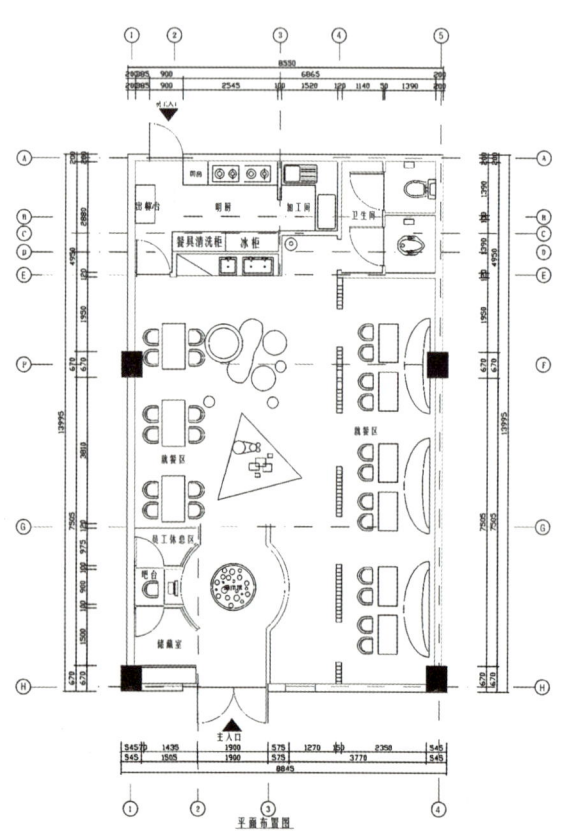

图2-98 平面图

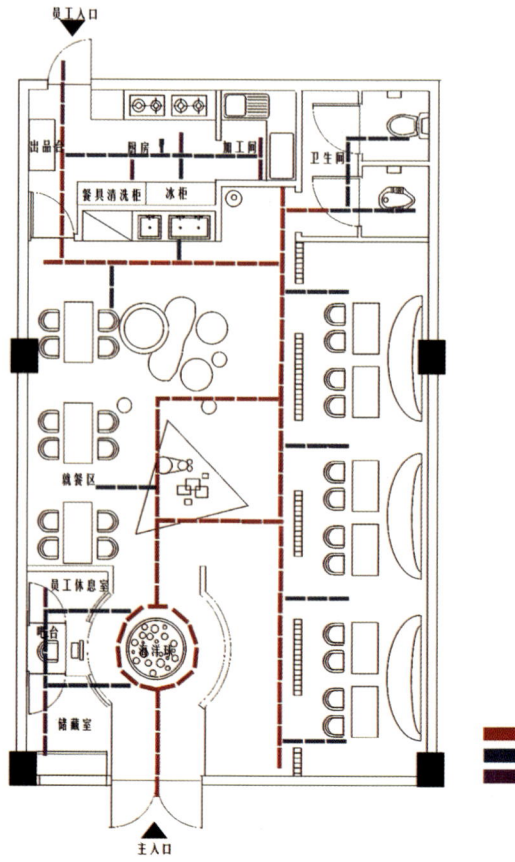

图2-99 动线分析图

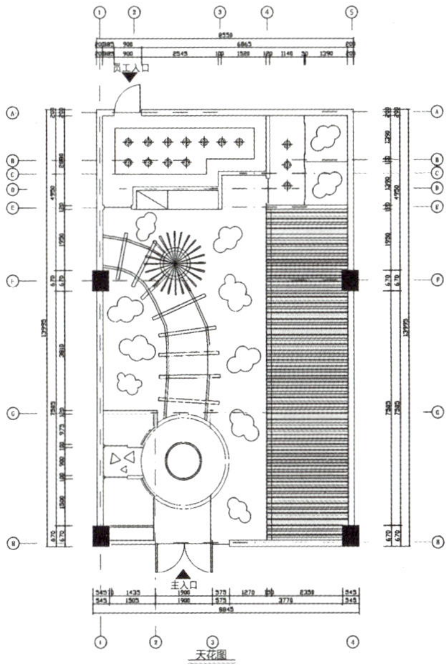

图2-100 天花图

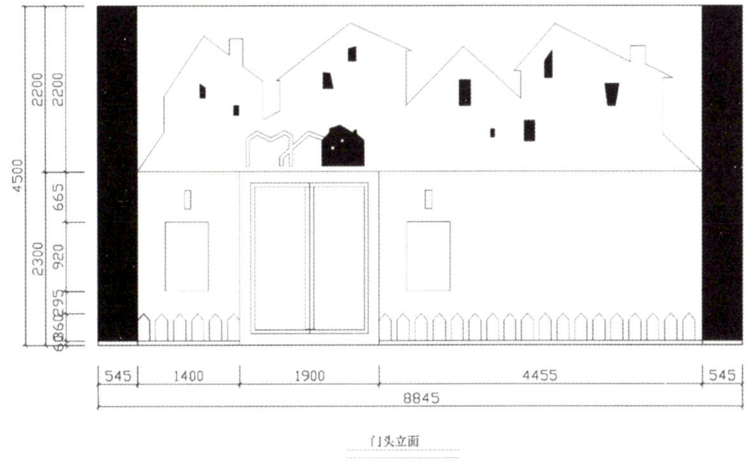

图2-101 立面图

图2-102 设计效果图

训练三 店中店设计

## 四、知识要点

### ▶▶ 1. 照明与规划

光是一种语言,好的设计师会利用这一语言在自己的作品中叙述空间的故事和艺术的追求。光环境的设计有明亮、舒适和具有艺术感染力三个层次,在每个层次上设计师都能发挥主导作用。为了优化空间设计,同学们应主动了解光、体验光、运用光,积极研究光环境设计。

商业空间的照明规划主要依靠人工照明,日光虽然可以照进室内,但很难满足空间的每一个角落对光的需求。另外,日光的方向和强度是不断变化的,所以必须依靠人工照明的方式来吸引消费者。优良的商业空间照明设计,能够营造良好的、富于艺术氛围的空间环境,能够从视觉上激发消费者的情绪,形成良好的审美感受,进而提升相关商店的品位和档次(图2-103)。

#### (1)光

对光的研究与表现直接影响商业销售的成败。光是商业空间设计的基本组成元素,可分割空间、聚焦视线、为室内空间营造独特的氛围。无论是建筑师还是室内设计师,能否熟练地运用光,往往就是其创作灵感能否完美转化成现实成果的关键。

传统照明采用节能灯泡、荧光管、卤素灯或气体放电灯等,照明效果较好,但传统的照明灯具体积大、易发热,存在安全隐患。光纤的应用让设计师有了更加丰富的选择。光纤照明方便维修,节省维护成本。LED作为新一代的光源,具有省电节能、寿命长、耐振动、响应速度快、安全环保等特点,近几年应用广泛。随着LED技术的迅猛发展,其光效率的逐步提高,价格进一步降低,应用更加灵活。

#### (2)照明与设计

专业的照明规划,尤其针对具体商品及特质的照明规划,能更好地突出营业空间内商品的质感和空间环境的气氛。营业厅的照明规划并非简单的亮度问题,还需考虑照明设备种类及其布置形式,制定出极富效果的可行照明规划。商业照明的任务是:首先提供动感的、灵活的、可控制的照明来吸引顾客进入商店;其次在购物区引导顾客,引起顾客对特殊商品的关注,引领顾客完成购物流程,并无时无刻不传达出特定的气氛。照明方式是具体的,照明原则一般分三个层次:重点照明、工作服务照明、环境照明。

图2-103 明珠美术馆书店/上海

## (3) 重点照明

首先是橱窗照明，无论是室外橱窗还是室内陈列，只有足够的光照才能刺激消费者的目光和神经。其次是商品呈现最佳状态的照明。商品的种类不同，照明方式也有很大区别。比如，化妆品专卖区，往往利用内置细管灯的玻璃柜，使光源更加接近商品，让商品表现出最佳效果；服装店服饰的照明方式可能更青睐轨道射灯，灵活、方便、自然。陈列柜、展示架和橱窗为重点照明，照度要达到200~500lx（图2-104）。

## (4) 工作服务照明

收银台、更衣室、咨询区等区域，工作照明的亮度没有重点照明高，照度在75~150lx。这种拉开照明层次的方法，处理得当可以让空间层次丰富、生动多变。

## (5) 环境照明

环境照明的任务是满足公共环境部分的照明要求，尤其是通道、扶梯周边、公共区域等。通常，这部分的照明是和天棚的结构联系在一起的，比如设置光带、设置灯槽，照度为100~200lx。在超市环境中则要求有均匀且明亮的光照效果，形成轻松明亮的购物气氛。

## (6) 绿色照明

大型的商业空间，室内设计师与照明设计师要密切合作，创造理想的照明设计和展示效果，让光照变得合理和科学。防止由照明引起的光污染和光干扰，重视照明质量，不单纯追求照度水平，倡导高效、清洁光源的正确照明方式。绿色照明有三个基本宗旨：保护环境、节约能源和促进健康，这三个目标相互关联、缺一不可。

特色的光环境设计，是空间故事性、艺术性追求，更是商业价值、品牌文化的更好体现（图2-105）。

图2-104　重点照明设计 / 日本

图2-105　店面照明设计 / 上海

### ▶▶ 2. 家具与设施

商业空间的家具不仅具有使用功能与审美功能，而且是构成室内氛围和意境的主要因素。

家具式样繁多，其造型、色彩、质感直接影响整个空间的氛围，同时也表现出各种风格特征，如古典的、现代的、中式的、欧式的、烦琐的、简约的、休闲的、趣味的等。商业空间家具的布置应在协调、对比、平衡、节奏、韵律、主题、变异等设计处理手法上分别有所体现，与商业空间场所能相互呼映。商业空间的家具必须兼顾整体的观赏性和实用性，有较高的艺术品位和深厚的文化底蕴（图2-106、图2-107）。

在商业空间的气氛构成中，创意家具的组构、布置会直接影响空间环境的氛围。商业零售空间的家具要求质轻、易于移动、分割灵活，柜架设备均以尽可能少的支点立于地面上，特别是强调形成陈列和展示特色，满足商业性、展示性和时代性的需要。

#### （1）营业区家具设计特点

① 功用与创意。现代商业空间中的家具讲究储存、陈列、展示的实用性，目的是更好地陈列商品和表现商品。不但要符合商品陈列的尺度要求，还要与人体工学结合，建立好人与家具的关系。满足功用的同时，富有创意的构造更能吸引消费者的眼球，极具个性的展示会引发人们的想象，最终达到刺激消费的目的（图2-108）。

② 灵活与自由。传统家具往往显得拘谨和刻板。现在的营业区家具设计要求装卸灵活、便捷、满足空间划分需求，适合多种组合和分割的要求，保持其连续性、序列性、完整性、文化性。这种家具设计的灵活还包含设计的自由、轻松，貌似随意，实为差异。

③ 美观性。商业陈列家具自身的美，增添了场所的整体形式美感。造型时尚简约、充满时代感的家具，通常给人以美的享受，易激发顾客的情绪，同时提升空间的艺术性。陈列家具本身不是销售商品，它服务于商品，其造型特征是因陈列商品特性而决定的，也是保护商品的一种有效手段。陈列家具的造型，以加强商品的表现力为先，切忌华丽，更不能被烦琐的图案纹饰纠缠，应简约雅致，突出商品，同时还应坚固、经济。设计须系列化、规格化，风格一致，要因地制宜、因材施艺，使家具在造型上、结构上、形式上有新的突破、新的发展。

图2-106　食品店中店1／日本

图2-107　食品店中店2／日本

图2-108　无印良品旗舰店／日本

## （2）营业区家具布置规律

柜（货）架布置是商场室内空间组织的主要手段之一，受空间、管理、动线的影响。其布置的方式、造型、材料、工艺一定程度上显现该商业空间的档次和品位，有以下几种常见形式（图2-109至图2-112）。

① 周边式——柜台、货架顺墙排列。此布置方式适用于小型商业场所，售货柜台较长，有利于减少售货员数量，节省人力。一般采取贴墙布置和离墙布置，其特点是流线简洁，减少交通面积，空间利用较为充分。缺点是服务流线较长，不便于商品的集中展示，且沿墙布置货架或者散仓给营业厅采光带来障碍。传统百货商场多见周边式柜架布局，空间显得单调。

② 岛屿式——营业空间岛屿分布，中央设货架（正方形、长方形、圆形、三角形）柜台周边长，商品多，便于观赏、选购，顾客流动灵活，接触商品的机会增多，容易形成空间的亮点，造型便于变化、生动美观。

③ 斜角式——柜台、货架及设备与营业厅柱网呈斜角布置，多采用45°斜向布置。这能使室内视距拉长，造成深远的视觉效果，既有变化又有明显的规律性，还可避免货柜相交处出现锐角的情况。狭长的小营销空间可用这种布置方式产生拓宽空间、减少狭长感的效果。

④ 自由式——柜台货架随人流走向和人流密度变化，灵活布置，使厅内气氛活泼轻松。将大厅巧妙地分隔成若干个既联系方便，又相对独立的经营点，并用轻质隔断自由地分隔成不同功能、不同大小、不同形状的空间，使空间既有变化又不显杂乱。

⑤ 隔离式——用柜台将顾客与营业员隔开的方式，很多高档商品采用隔离式，商品需通过营业员转交给顾客。此为传统式，便于营业员对商品的管理，但不利于顾客挑选商品。

⑥ 开敞式——将商品展放在售货现场的柜架上，允许顾客直接挑选商品，营业员的工作场地与顾客活动场地完全交织在一起，顾客享受自然的商品推销与服务。开架销售使商品在视觉上一览无余，触手可及，具有强烈的采购诱惑力，很多情况下使顾客产生随机的冲动购物，扩展了商机，故而在某些销售领域受到商家的欢迎。

图2-109　中央大道日用品店／大连

图2-110　和平广场电子产品1／大连

图2-111　和平广场电子产品2／大连

图2-112　无印良品旗舰店／日本

### ▶▶▶ 3. 细节设计

"细节决定成败",不论做什么工作都要重视小事、关注细节。把小事做细、做透,揭示了"细中见精""小中见大"的道理,它对我们学习设计有积极的指导和借鉴作用。有些时候学生的作业第一眼看起来不错,接下来再看就会大打折扣,原因是没有"内容",缺少"细节",说到底还是不能很好地诠释设计。表达细节是一种能力,细节在商业空间设计中或许是最具价值的展示,或许是最具关爱的人性诉求。对学习设计的学生来说,处理好细节,需要专业知识和综合的素养。

细节的概念:空间环境中说的细节并非是一个小的配饰或构件,可能是空间楼梯踏步的构成方式,也可能是空间的某一个界面,没有细节的空间是空洞乏味的。细节分功能性细节和装饰性细节(图2-113)。

功能性细节:窗、门、把手、楼梯、护栏、家具、灯具等。空间的整体是由无数细节构成的,细节是相对的。就空间而言,细节可能是一个完整界面,也可能是界面的一个局部(图2-114、图2-115)。

装饰性细节:没有功能意义的装饰都可以称之为装饰性细节。天花板造型、墙面造型、地面拼花、装饰隔断、柱头、柱脚等,都是一些装饰性的元素,这些元素作为形成空间完整性的艺术语言发挥作用(图2-116)。

满足功能性的同时,建立起空间或构造的艺术性,使之成为空间的特点和亮点(图2-117)。

图2-113  天花细节

图2-114  星巴克旗舰店空间局部/日本

图2-115 大型商业空间功能性细节 / 日本

训练三 店中店设计

图2-116　装饰性细部

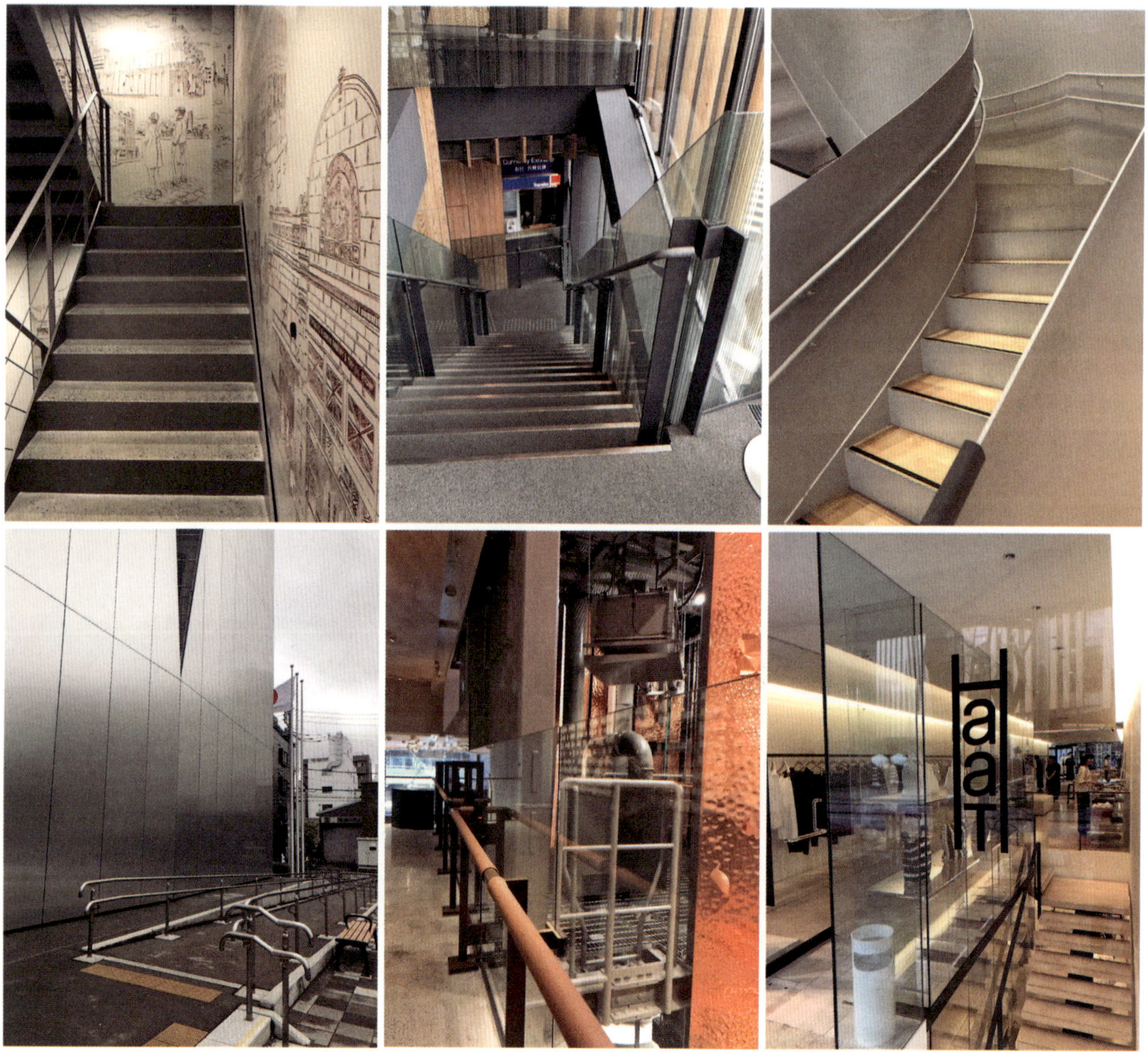

图2-117　楼梯扶手细节

## 五、设计程序

### ▶▶▶ 1. 调研分析

市场调研，到大型商场和商业中心考察店中店设计实例，体会多元审美和市场全新潮流动向。什么是商业气质？如何既满足群体需要又适宜个性要求？

资讯收集，可以从书籍、网络中获取。资讯包含国内外优秀设计案例和设计理论，应及时获得并利用它在相对短的时间内给自己带来有价值的信息和方法。资讯有时效性和地域性，学习期间研究资讯是了解世界、获取信息、提高自己的重要资源之一。

分析，当下店中店设计有哪些问题和不足？如何建立独特的店中店营销策略？如何引领消费，实现经营者的理念？如何建立商品特质和商业文化？

### ▶▶▶ 2. 概念设计

从原创性入手，可以从文化的角度、商品的特点、经营、体验等多方面开展思维。通过大量的草图绘制比较其可行性，在众多的思考中确定 2、3 个概念（强调独立思考）；与同学交流、讨论（单独和集体的方式）；与老师交流（个别辅导的方式）。

### ▶▶▶ 3. 动线及功能划分

动线确定：确定动线时要考虑进入空间后消费者一般会是一个怎样的活动习惯，如何建立顺畅、自然、合理的行动路线？销售区与辅助区：店中店的设计强调销售区与辅助区的配置合理，商业的视野和经济的角度都是必不可少的。仔细分析有着怎样的需要，一项一项地满足，不可能所有的问题都得到解决，但主要问题应首先考虑。

思考的方法：汇总商业销售的所有要求；思考消费者的购买心理和消费习惯。

### ▶▶▶ 4. 空间设计

创意的商业计划，使顾客从踏入店门起便感受到商品独有的魅力与个性，刺激消费者的购买欲，最终调动其购买欲望，实现商业利益最大化。

### ▶▶▶ 5. 施工图设计

施工图是设计师对一个设计的完整说明。所以要求施工图绘制规范，符合规定要求，线型、标注、尺寸等符合行业行规。能够清晰、专业、完整地表达各个部分的设计。

## 六、思政训练项目

设计一个社区商业中心内的店中店，以服务当地社区居民为主要目标。该项目旨在强调民生关怀、情感黏性和服务百姓民生。

项目要求：

① 社区需求调查：学生需要首先进行社区需求调查，以了解社区居民的需求和期望。调查可以包括访谈、问卷调查和观察。设计应强调服务社区民生为出发点，关注社会问题和关怀。

② 情感黏性体验：学生需要思考如何在设计中创造具有情感黏性的体验，以建立情感连接。设计应关注社区居民的情感、需求和期望，打造能够吸引和留住顾客的空间。

通过这一项目，学生将有机会为社区商业中心内的店中店设计一个具有社会责任感、情感黏性和服务民生的空间，培养综合思政能力和素质，成为有社会责任感和创新思维的商业空间设计师。

## 七、延伸阅读与参考资源

[1] 刘俊良. 绿色建筑-公共 [M]. 南京：江苏人民出版社，2011.

[2] 唐纳德. A. 诺曼. 设计心理学 [M]. 北京：中信出版集团，2016.

[3] 王芝湘，吴真，张媛媛. 实战精品小店设计与实例 [M]. 北京：化学工业出版社，2014.

# 训练四 典型商业空间设计

本节主要培养学生调研与分析大型商业业态的方法，具备对不同的业态进行分析和了解的能力，有法规和规范意识。培养学生多元商业设计的思维能力和完整表达设计的综合实力。要求学生作业完成具有相应水准，图纸表达技巧娴熟。本节课程还强调培养学生文案能力、口头表达能力。

## 一、课程要求

课程内容：大型商业综合体规划、大型单体商业空间设计、旧建筑保护与创新、艺术展览馆、大型主题餐厅等。

训练目的：1. 培养同学大空间、大动线、多业态的思考逻辑能力。
2. 强调规范意识和空间思维能力。
3. 力求业态的可行性、设计的完整性、商业的逻辑性。

训练重点：人文分析、业态分析、商圈分析、人群分析、经营分析。方案通过后在规定时间节点进行扩初设计，扩初阶段需要准确的平面图、天花图、地面图、主要立面图、材质说明、材质样板、效果图表现等。

学习难点：1. 用经营理念和盈利模式对设计提出要求。
2. 成本核算与创造商业价值的重要性。

思政目标：规范意识和合法性：强调规范意识，确保设计的合法性和符合规定。
社会责任感和可持续性：注重社会责任感和可持续性，使学生能够为社会和环境做出积极贡献。

作业时间：25 学时 + 课余时间。

相关作业：本节训练环节可以由学生独立完成设计，也可以自行组织合作完成设计，但小组人数要控制在三人之内。作业为 A3 规格，打印 PPT 报告册。
1. 课程考察调研，交课程考察报告。
2. 作业要求
①概念设计；
②方案设计；
③施工图（要求有主要界面的平面图、天花板图、立面图、详图）；
④效果图（手绘、电脑不限）。
3. 设计说明（控制在 400 字以内）。

## 二、业界设计案例

作品名称：S17独立品牌集合空间
设计方：季意空间设计
项目位置：四川成都
建筑面积：1000m²

项目选址在有着"中国伦敦西区"称号的东郊记忆。20世纪50年代的成都国营红光电子管厂（代号773厂，106信箱），按城市工业用地更新和工业遗存保护相结合的方式，在原厂旧址上改造为新型旅游景区和新型文化产业园区。S17原始场地600m²左右，老厂房经过多次改造和搭建之后，空间被各种柱子切割得非常凌乱，但层高充足，空间可利用性较高，可让这略显粗野的装饰与激进的艺术表现手法得以呈现（图2-118）。

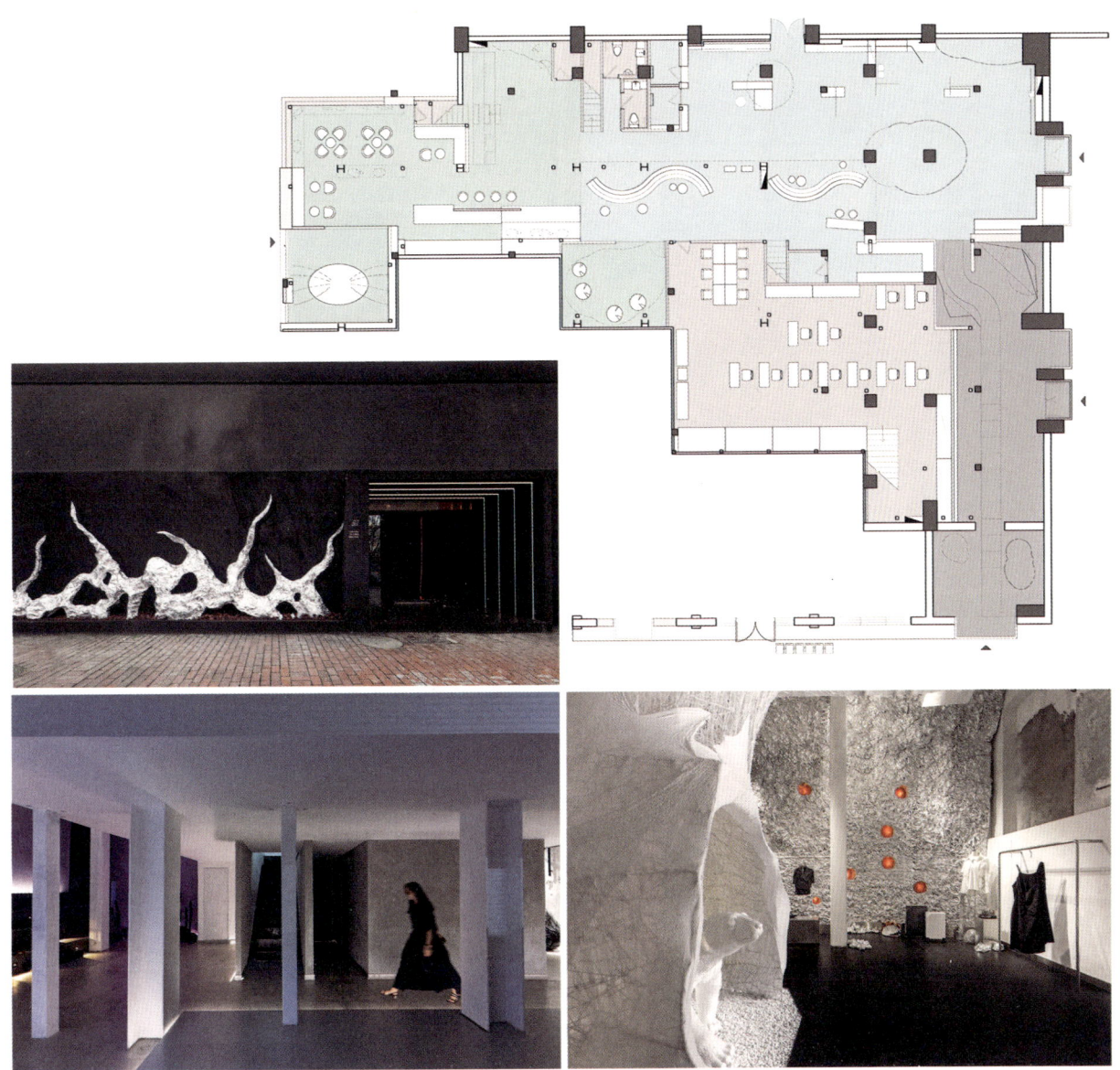

图2-118 S17独立品牌集合空间设计案例

图2-118 S17独立品牌集合空间设计案例(续)

## 三、学生设计案例

▶▶ **1. 作品名称：大连冰山慧谷工业艺术展览馆（2020金莲花杯国际·澳门大学生设计大赛金奖）**

院校：大连工业大学
学生：付煜
指导：顾逊、林熙

建筑在保留大冷厂1933年原始样貌的前提下，使用做旧材质进行当下的再设计、新的构造。原始的建筑空间给人以庞大的空间感和悠久的年代感，此设计延续了空间原有的特性，使用镜面反射获得翻倍的空间视觉效果，内部借鉴路易斯·康的建筑形式，使用几何体和序列构成，并运用了"剖切"的元素概念。空间中除了灯光和虚拟现实技术的视觉享受，还有老工业机器的触觉体验（图2-119至图2-121）。

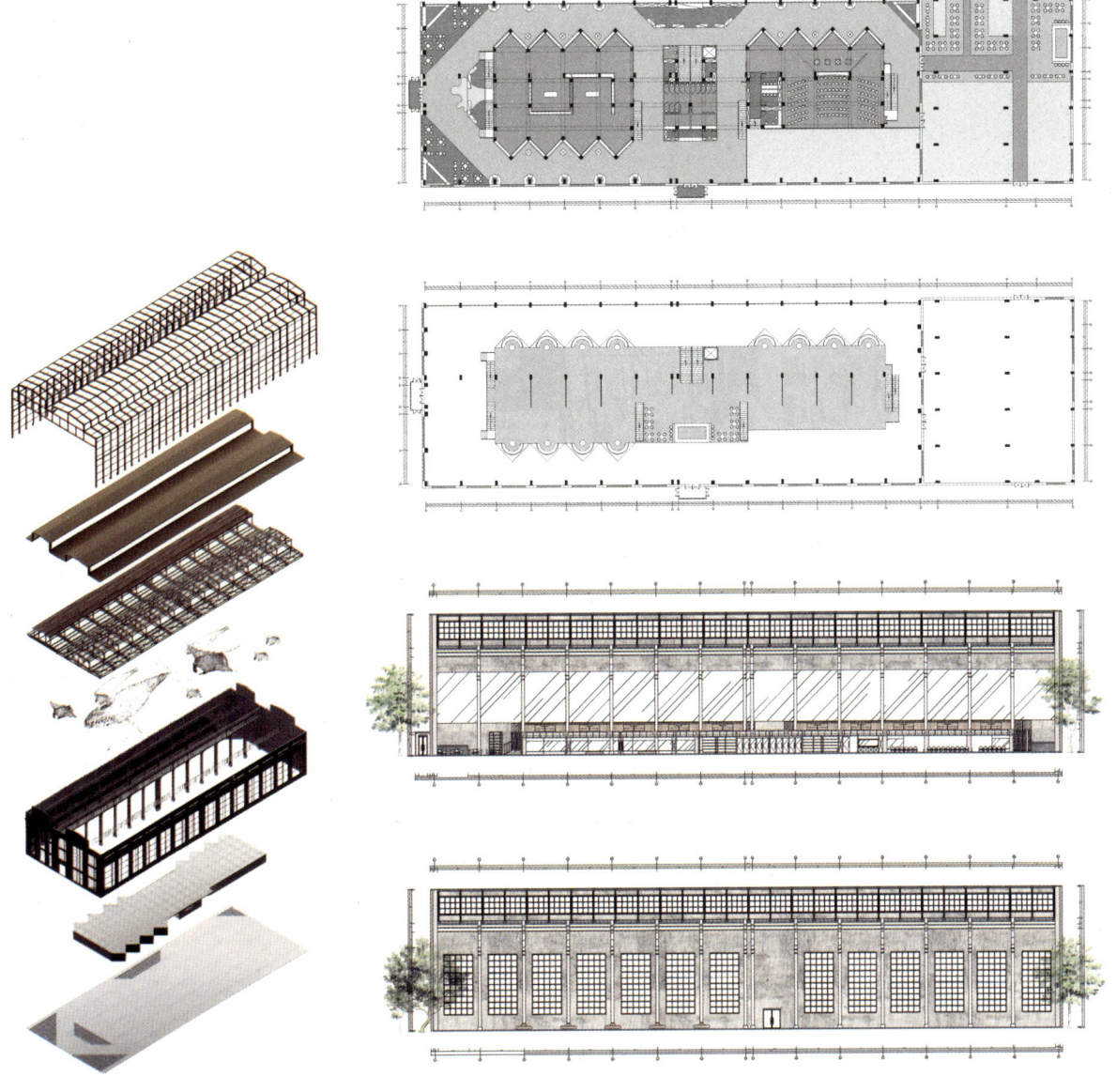

图2-119 空间爆炸示意图　　　　　　　　　图2-120 室内平面图、室外立面图

图2-121 建筑外立面设计

"工业巧克力"具有味觉体验,美食的嗅觉体验,还有更重要的听觉体验:机器运转的模拟声音和可以舒缓情绪的海浪声、海豚音、"蓝鲸之歌"。建筑是人类生活的空间,旨在打造一座市民共享、互动、休闲、学习的共融场所,让人们认识历史、学习历史,并在此基础上保护老工业,开创新的生活体验(图2-122、图2-123)。

图2-122 咖啡区空间设计

图2-123 "蓝鲸"展示空间设计效果图

### ▶▶▶ 2. 作品名称：老城故事—胡同小院

院校：大连工业大学
学生：郎旭泽、高文丽、杨梓楠
指导：杨静

本设计方案溯源北京文化的源流，提出"老城故事、胡同小院"这一核心设计主题，致力打造以北京市井文化为内核的高品质餐厅。项目以"四合院"和"胡同"为设计主题，将传统的四合院建筑与现代的设计语言融合，打造出充满戏剧化与趣味性的空间。保留四合院围合的空间特质，形式上以化繁为简手法步入小院空间，虚实结合，勾勒出小院新的"景致"。

内部采用青砖灰瓦，保留四合院的影子，以形成小院特有的记忆符号，通过设计解构、融合现代简约视像，成为过去与现代的延续。四合院内圆柱架起的廊道及房屋被现代材料取而代之，使消费者尽情感受"在京城胡同里就餐"的沉浸式体验——小院此时便有了属于自己特有的"新"韵味。一步一景，注重不同空间之间的视觉联络，形成虚与实、现代与古朴、室内与室外相融合的形式（图2-124至图2-126）。

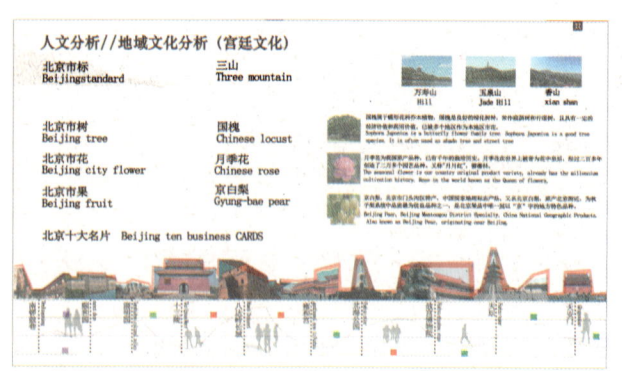
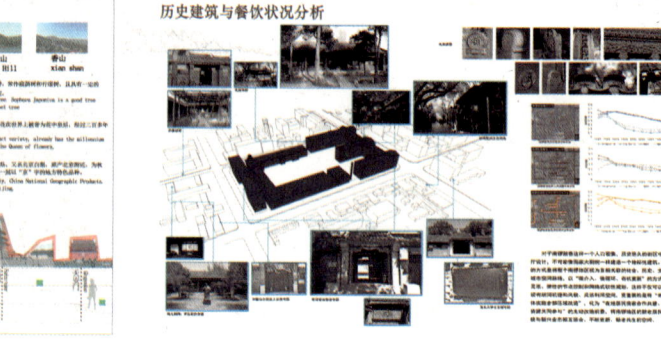
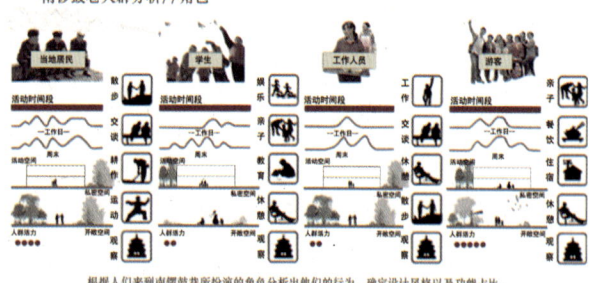
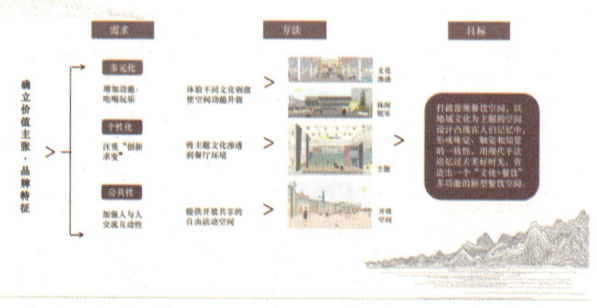
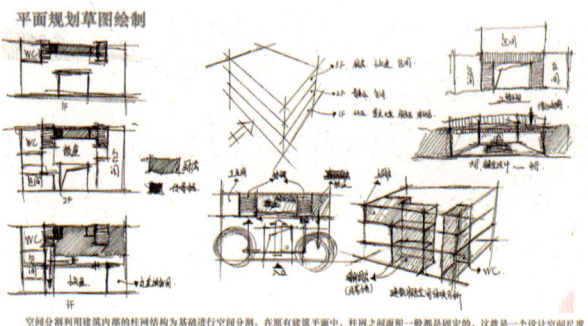
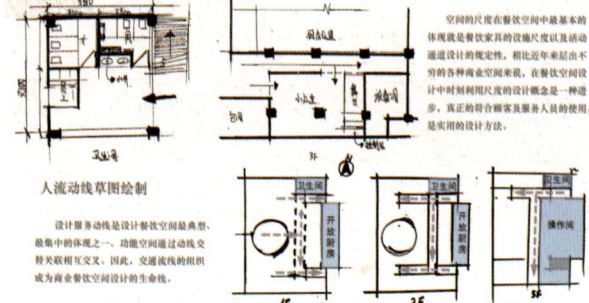

图2-124 部分项目分析

图2-125　胡同小院——室内设计

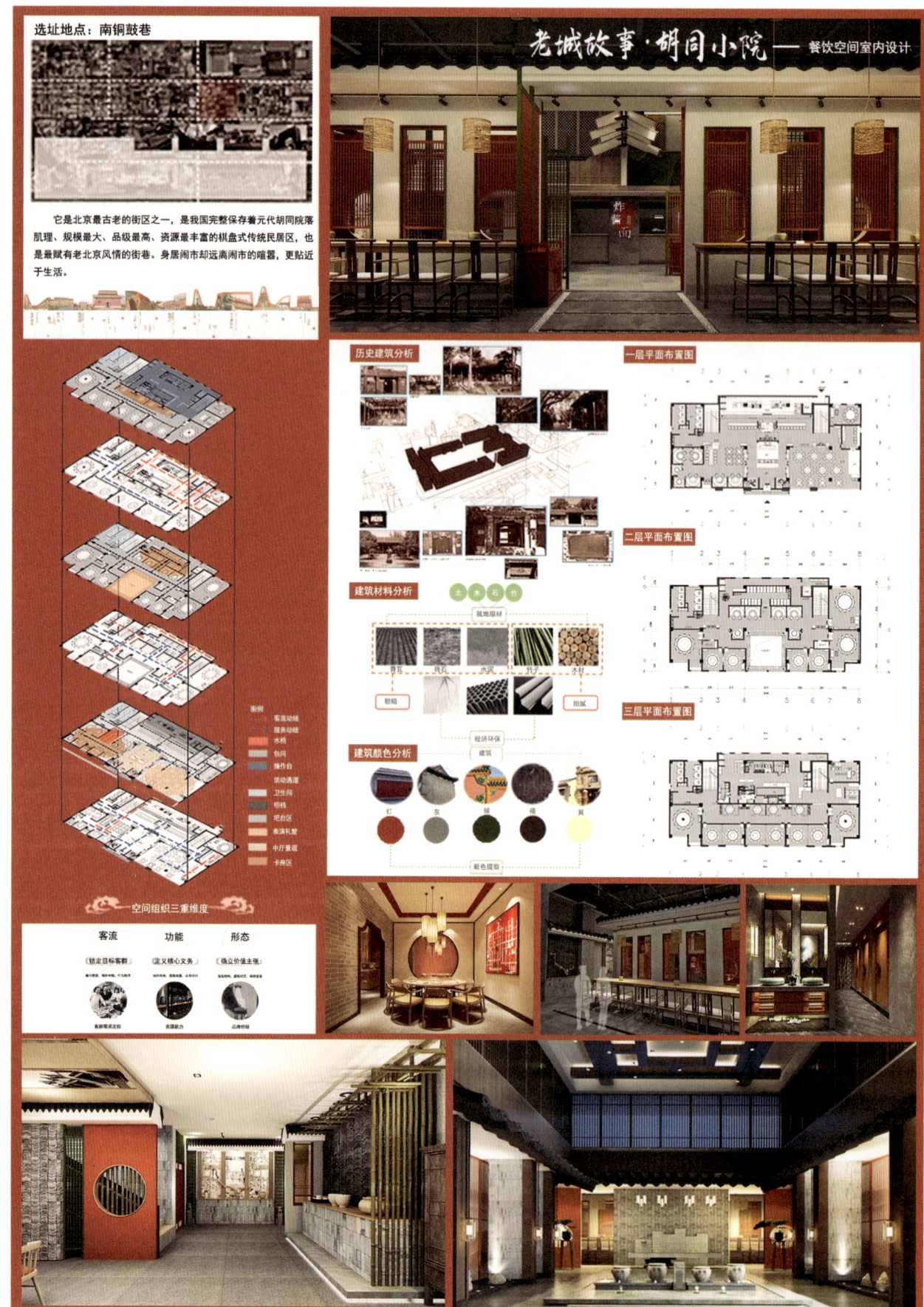

图2-126 胡同小院——餐饮空间设计

## 四、知识要点

### ▶▶▶ 1. 商业项目可行性调研与分析

商业项目立项之前，一般要进行详尽的市场调查、分析，根据分析结果确定商业投资的可行性、安全性，根据周边商业状态、交通状况、人群构成确定商业业态、设施规模等。这项工作通常需由团队合作完成，包括规划设计师、景观建筑师、经济师等，分工明确，对竞争对手、街道特点、人口增长、区域发展等给出专业的意见和建议。总之，进行设计之前，需要对项目环境进行详细调研分析。根据分析结果确认商场建设的可行性，明确业态和建设规模，以及确定设计思路的方向。

有商业意向的业主，往往委托有资质和有实力的咨询公司来完成可行性调研与分析。这部分的内容在校学生很难有机会体验，但了解是必要的，项目开发成功的各个要素对环境设计是有帮助的。

#### （1）自然条件与商机

项目环境对经营者来说是项目策划的分析依据，对建筑师来说是设计的背景和基础。商业立项是位于新城还是老城区，是城中还是城乡接合部，有着怎样的条件，与周边是怎样的关系，如周边环境、地势、道路状况、交通量、信号设置、客流量等，都是影响项目可行性的因素。

地质条件。场地地质条件直接影响场地使用安全和工程建设的整体投入。当较好的商业环境和较差地质条件产生矛盾时，则需考虑提高工程造价来满足长远的商业利益。在方案设计阶段，对尚无地质钻探资料的项目，可以参考附近地段的地质资料。

地形地貌。通常情况下，城市中心区商场建筑的环境地势都趋于平坦，临街地面与街道路面处于同一高度或相差很小。这样有利于顾客出入商场，是比较理想的选择。而现代城市中心区日益拥挤，商业竞争日趋激烈，许多商业项目远离中心区，特别是在山地城市中，许多商场项目的基地有较大地形起伏。在这种情况下可以利用地势，甚至发挥地势的优势，将其看成设计的亮点成为设计的关键。如利用高差可以加长商场的临街面，设计不同高差的入口吸引各方人流；设计立体交通体系，方便处理人车分流等。若商场临街地面在高度上远离街道路面，则必须注意人流的导向吸引，着重考虑场地阶梯、商场入口、立面与广告等的设计（图2-127）。

气候条件。主要考虑风向和日照的影响。北方地区考虑防风保温，开敞共享空间避开冬季主导风向，争取日照；南方地区夏季炎热，注意遮阳和利用主导风向争取自然通风。商场建筑对自然采光的要求较低，建筑外立面多封闭以便对外展示广告，对内展示商品。主要自然光可由共享中庭提供。

植被与水文。植被与水文对商场设计的价值主要体现在环境景观上。现代体验式商业对商场的销售环境和销售特色都有较高要求。如果能在共享空间、通道空间中适当引入外界景观、植被与水文，强调与自然对话，拉近与大自然的距离，有助于商场的地域性感知，人们也乐于接受这种自然的气息。

项目成功的很大一部分原因还在于项目的外在因素。因此，投资的成功，与其周边相关的活动、景点和服务设施的促进和支持作用密不可分，它们能大大提升项目及环境的吸引力。

#### （2）城市规划和政府要求

城市商业网点规划包括：城市商业发展思路、城

图2-127　大阪商业中心

市商业规划总则、城市商业功能区规划、城市商业网点规划、大型零售商场规划、规划实施对策等内容。其中对已有商场项目的现状问题、城市需求以及未来商场项目的策划、选址、建设规模、市场定位等也提供了一定的指导和规定。

宏观城市发展目标。各地城市规划与城市设计文件的编制，也将城市定位与发展目标作为重要依据和最终要求。商场多属于大型公共建筑，其规模巨大，处于城市中心区，人流聚集众多，对城市形象的形成起到关键性的作用。对于新区的优良商业设施的建立，其商圈的影响力、辐射力不可估量。

城市规划对商业用地的常规细节要求可能包括：建设用地边界线、道路红线、建筑控制线、土地使用性质、建筑密度、容积率、高度控制要求、绿地覆盖率、建筑风格、建筑色彩、社会停车位等；城市的其他管理部门，如消防、人防、交通、市政等给基地的定性也对建筑设计产生重要影响。

基础设施的状况。大部分商业项目中，公共空间和公共服务设施及基础设施需要政府部门的积极参与。目前，商场涉及的相关规范有《商店建筑设计规范》(修改稿)、《饮食建筑设计规范》等，通用标准有《民用建筑设计防火规范》《高层民用建筑设计防火规范》等。

### （3）商业现状与分析

商业现状与分析包括地区零售业的现状分析，现有大型商店的实力分析。如这些大型商店服务的群体有着怎样的差异，是国内品牌还是国际知名品牌，有着怎样的规模，主要设施状况处于怎样的行业程度，交通是否顺畅，停车状况和停车能力等。

一般店铺的实力分析。着重对附近沿街店铺进行调研，店面及内装的档次，商品的种类及品牌的实力，分析顾客来源、购物能力及消费动向。同时还要考虑不同的需求时间段，零售项目在每天、每周的不同时间段，有着不同的细分市场。

周边现有其他公共设施情况分析。分析设施规模、种类、建造的时间，客流状态和经济收益情况，以及大型文化设施、体育设施、饭店、公共设施等。

### （4）独特性评估

商业新项目规划特点以及发展趋势的讨论是很重要的，关系到收益和风险。独特性是商业同行竞争的关键，意味着在一个地区取得市场的领导地位。零售的品牌影响力、餐饮的知名度、娱乐的特色成分，使独特性优势在区域市场内创造商业项目的品牌形象和产品组合，并使该项目在竞争中脱颖而出。

获得市场领导地位，需要对构建项目独特性的各种因素进行评价，包括主入口、位置以及消费者对商业项目品牌形象的感知力。如果开发商不想被拥有较好地理位置、优秀开发计划的更好的项目击败，就要考虑上述因素。

独特性评估的关键点还在于，当项目纳入地区规划后，要确定是否存在获得可持续竞争优势的机会。时机对营造商业项目在地区内的独特性具有重要意义，特别是目标商户的引进时机尤其重要。

### （5）商业设施吸引力

商业设施极大地依赖于附近的居住人口密度。对周边住宅的人群有理性的分析，对可能光顾的顾客群消费需求有相对准确的判断，规划出能满足消费者需求的商业设施。从商家角度来说，项目需要提供一条独特的体验线路，而且是一条值得前往的线路。从需求的角度来说，要评估项目吸引顾客的潜力，需要对休假、节假和消费能力、消费习惯进行全面细化的分析。由于消费模式存在地区差异，模式分析就要具体到某个市场，充分考虑人口统计分析、心理分析、旅游市场、竞争对手及地理位置等因素。如果不能确认项目可以引领整个地区性市场、风险无法控制就不能仓促推进。另外，必要的交通方式和行程距离、时间等也是可行性的重要依据（图2-128）。

### （6）理想商圈形象与效益评估

商圈概念。所谓商圈，是指单体或群体商业建筑在城市中的影响力和公认的知名度，主要指能吸引到顾客的范围（图2-129）。广义的商圈研究包括商业环境的各个方面，曾有专项研究予以分析，体现在建筑设计上则主要指商场的辐射半径。其目的是：确定商场建筑的规模和扩建可能性，明确其城市作用以及建立在此基础上的形象定位，进行经济效益预测。调研报告的核心部分是分析后的结果形成。评定商圈理想范围，进行销售额预测，估算出投资回报的周期。

一般情况下，可以根据业态、规模以及所在地区情况，进行适当调整，设定出新店自身的商圈。例如：以新店为中心，按照到达店铺所需时间定出乘车5分钟以内可以到达的范围，这称为"1次商圈"；乘车15分钟以内可以到达的范围称为"2次商圈"；乘车30分钟以内可以到达的范围称为"3次商圈"。真正的商圈并不是绝对的同心圆模式，其规模和形状由包括城市交通、经营业态和竞争辅助关系等多种因素决定。将聚集效应中的临近商场商圈、区域外竞争商场商圈、相关竞争商业建筑商圈进行合成比较，则可以很清晰地看出本商场的商业环境局势。商圈应该是动态的，随着认知度的建立或者消费者认可度的变化，商圈会随之发生变化。

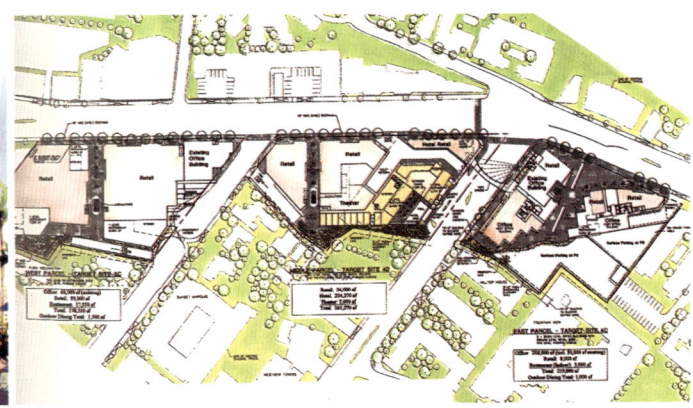

图2-128 加利福尼亚西好莱坞落日大道零售娱乐目的地.Gensler

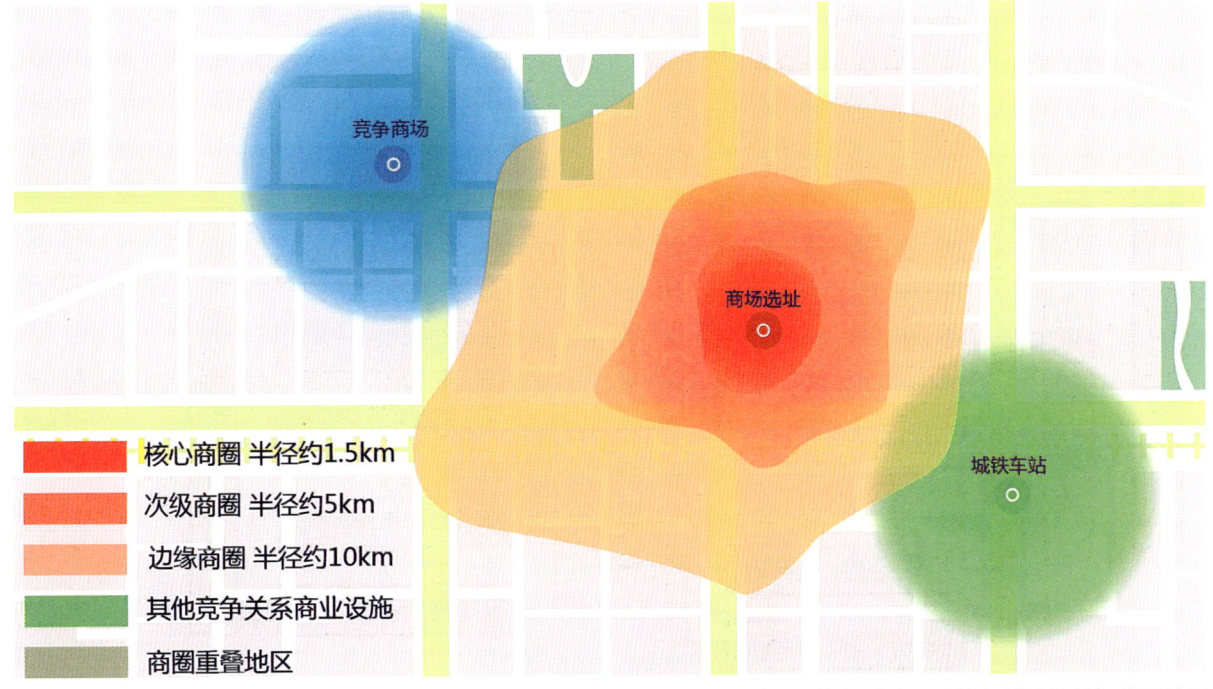

图2-129 商圈关系示意图 / 根据《注册建筑师辅导教材》整理绘制

### ▶▶ 2. 项目建筑设计流程

建筑师负责的设计阶段，从开始就需要建立与各方的关系（图2-130），满足经营管理的各种规范和要求。设计的影响因素主要包括以下几点。

① 投资者的商业发展理念及品牌文化对建筑设计有一定要求。

② 不断完善投资人对项目规划的各种变动和主观意愿，并从建筑设计的专业角度提出建议和意见。

③ 全力满足与商业空间相关的行政法规、建筑规范和规划要求，并且通过各级审批。

④ 项目勘察、设计、施工、监理的协调以及工程设计中土木结构、设备、各工种的统筹。

建筑方案设计一般经过项目调研、设计构思、设计表达三个阶段。

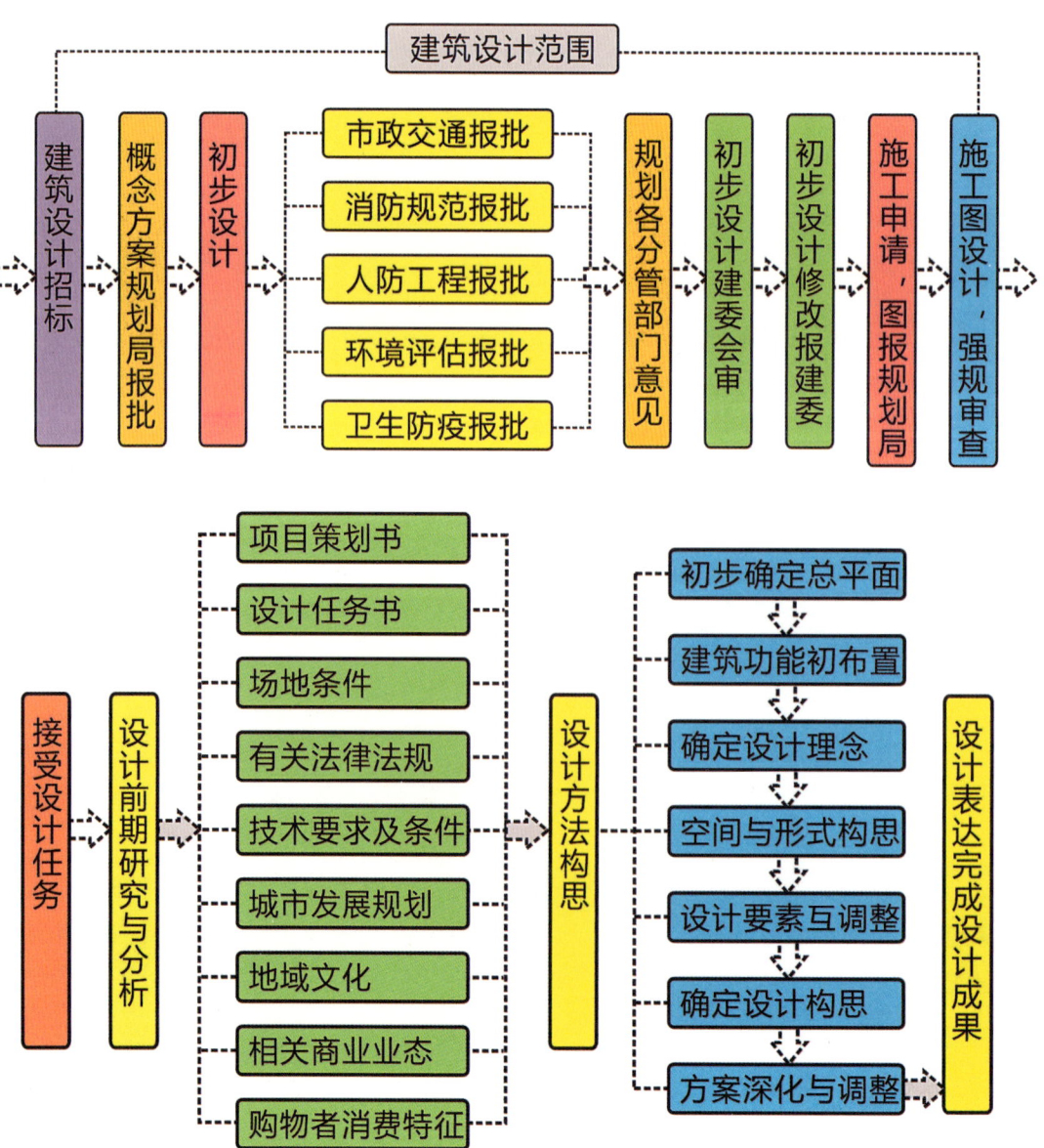

图2-130　建筑师与主管部门关系／根据《注册建筑师辅导教材》整理绘制

### ▶▶ 3. 空间设计要点

#### （1）空间组合方式

聚合：创造供人流集散、交流的空间。聚合的特点是，以一个空间为主导，其他空间在其周围聚集、靠拢。

线形串联：串联一栋建筑中的各类空间或者将一定规模的建筑群体串联起来形成大型商业综合体，是具有一定街道性质的"内街道空间"（图2-131）。

辐射：辐射的特点是，以一个空间为中心，将其他空间沿辐射线路展开。

环绕路径：路径形成环路，商业空间沿环路布置。当多个环路同时出现时，形成多环路特征。

均量并置：并置是指相近的两个或多个空间模块，不分主次地布置在商场建筑中。

网络路径：在商场建筑规模较大、空间复杂的情况下，路径往往交错形成网格形式。网格的形式不一定正交和规则，但路径可以是直线和曲线，间距自由，构成不同特征的网络路径围合空间。

#### （2）空间设计手法

开敞与流动：开敞空间与封闭空间是相对而言的，开敞的程度取决于有无侧界面、侧界面的围合程度以及开洞的大小。开敞强调的是与外环境交流、渗透、相融。商业空间开敞的手法给人的印象是开朗、活泼、迎合。开敞式销售符合人性化商业、体验式商业以及刺激消费为目的的商业需求，是现代商场建筑发展的趋势。开敞空间有助流畅动线的建立。开架销售使商品在视觉上一览无余，触觉上触手可及，具有强烈的采购诱惑力。很多情况下使顾客产生随机的冲动购物，扩展了商机，故而在某些销售领域受到商家的欢迎。

穿插与交错：空间的穿插是联系和交流，空间的交错是丰富和变化。这种叠合与相连符合商业空间的性质，就像川流不息的车流与人流，显示了城市的繁荣与活力。现代商业空间设计早已不满足于封闭的六面体和传统的空间形式。在设计中常将室外空间引入室内，这不但扩大了空间的场域，而且丰富了室内的景观，让室内更有生气、更具动感及活跃的氛围。空间相互渗透，形成的空间界限模糊，层次变化和空间序列尽显空间关系密切。空间层次设计的目的是使穿越区导向性强，吸引商业人流，使停滞区景观有很好的景深，让人流连忘返，使活动区人的行为和景观相结合，提升流动氛围。

中庭或共享空间：中庭是一个微型的城市生活舞台，每个身处其中的人都是舞台上的表演者。大型的商业空间将室外城市生活的内容，如散步、逛街、交谈、坐露天咖啡座等活动带入了室内。中庭内还采用室外的铺地做法，俨然一个置于室内的室外城市广场。中庭内设置了大量的绿化植物、室内雕塑和各种饰物，气氛酷似一个室内的城市公园。各类中庭围合形式若无顶界面限制则可称为庭院，既融入了自然，又融入了城市。

图2-131　柏威年商城

共享空间由建筑大师波特曼首创,在世界空间设计界享有盛誉,对世界设计产生了巨大的影响,商业空间也不例外。大型商业中心、中庭等将大师的理论大胆应用,在空间的处理上,大中有小、小中有大、外中有内、内中有外、相互穿插。融汇各种空间形态,变则动,不变则静,单一的空间类型往往是静止的感觉,多样变化的空间形态就会形成动感。

灰空间,也称为"模糊空间",没有清晰的界定,它的界面不明显,有着多种功能的含义,空间复杂、多义。由于灰空间的不确定性、模糊性、灰色性,从而延伸出含蓄和耐人寻味的意境,多用于处理空间与空间的过渡、延伸等。对灰空间的处理,应结合具体的空间形式与人的意识感受,灵活运用。商场入口空间属于灰空间,入口空间起到对消费者展示商场形象、引导行人自然顺利地进入商场内部,发挥着重要作用。它属于内部交通空间的起点或一部分,商业的规模、管理的要求、企业的文化都影响着设计的布局。因此,入口空间设计很大程度上影响商场的经营效益,需要与橱窗等店面设施和交通流线组织结合考虑(图2-132)。

(3)设计特征

商业性:"商业性就是极力讨好消费者",大众的多元审美和不断变化的口味要求设计师把握潮流的

图2-132　商业空间中的"模糊空间"

动向，而商场建筑的特色会因此而频繁更替。一切都是为了满足更好的"卖"和更满意的"买"。

开放性：空间构成形式富有变化和多样性，视线的移动是自然顺畅的，引导消费者从"动"的角度观察周围事物，将消费者带到一个由空间和时间相结合的"第四空间"。开放性表现在对纯粹空间环境外向型的建立以及对未来商业营销的预测。

独特性：各类在其他建筑形式上行不通的手法在商场空间设计中却有着广阔前景，这就是商场建筑的特点："商业中没有艺术家，只有顾客"，没有教条，只有挑战。独特的空间形态会增强空间的商业气质，创造新颖性，建立亲切感，视线开阔消除沉闷，空间设置动静相宜，既满足群体需要，又适宜个性要求。

地域性：设计师从传统建筑和文化中寻找形式语汇应用到商场的形式设计中，求取新异。常见的方式有具象化、抽象化、意象化等。具象化，即再现传统建筑的形式特征；抽象化，即将传统形式经过几何的抽象构成后反映到现代建筑中；意象化，即脱离已有形式，从地方文化中吸取营养，意象地表达建筑师对地区文化的理解。有时可能是一种材料，甚至某一种材质都可能是最佳的表达方式。

抽象模仿和意象表达都具有较好的艺术加工与易读性，这对寻求时尚又不及艺术家前卫的顾客有很大吸引力。所以，目前强调地域性特色的各类商场大多以抽象模仿或意象表达为主要设计手段。

### 4. 融合

设计的目的是创造价值，包括商业价值、生活价值和城市价值。在校期间的学习可能更偏向设计的表现和表达，而真实的项目会有诸多因素左右或影响着设计师。所以我们强调的设计能力绝非仅仅是画图的技能，设计师要有专业的素养，还要有沟通能力。表现能力、口头表达的训练在课程中也有设置，现在又提出设计师要与投资人能够融合，这种融合是十分重要的。设计的过程就是融合的过程，设计的结果与融合相关，相互尊重、包容、了解、理解、体谅、妥协、关爱，将有助良好设计作品的产生（图2-133）。

图2-133 服饰专卖店

## （1）了解、熟悉、建立信任

了解业主现状，对投资人进行有效分类。有着多年行业经营经验的投资人和刚刚进入行业的投资人，与其交流和沟通应采取不同的方式。

对前者应了解其过去的成功经历、独到的经营思路。以往成功的条件中哪些是必然因素，哪些是偶然因素，对其不足与问题要进行深入探讨，尤其是失败的教训，避免新项目重蹈覆辙。在此基础上尽量了解新项目与过去的不同点，详尽了解新项目的经营思路。深思熟虑之后表达自己的观点，如果觉得投资人有不切实际的想法一定要耐心说服。要鼓励创新，大胆求变，比如材料的选择和应用，传统的不一定不好，新的不一定都好。体现节能、环保的生态理念是每一个公民的责任，更是设计师的责任，设计提倡并重视降低能耗。

对后者多了解其进入行业的动机。从专业角度介绍行业的情况，分析实际案例中成功的因素和条件，使投资人从设计的角度迅速了解行业现状，预知经营可能出现的风险和行业的平均收益。避免盲目乐观、追求奢华、没有计划性；也避免过于谨慎，失去商机。设计师应拿出成熟的设计手段及成功的经验，帮助投资人降低风险，保证其经营的信心。

了解和分析投资人及投资人身后团队的同时，让对方了解自己及自己的团队同样十分重要。使投资人明确本团队的特色和经历过的案例、团队的组织结构与服务方式，在知己知彼的基础上双方才能协调一致，相互融合。

## （2）相互尊重、逐步深入

有了接触、交流，相互间的尊重也是必不可少的。一两次的交往是不够的，逐步深入，广泛地交换意见和看法非常重要（图2-134）。

① 咨讯交换。任何一个投资人，对自己项目的规划设计一定有着很多意见和建议，设计师与投资人相互交换、共同解读，结合项目合理取舍，对增加投资人的信心和设计师的威信会起到积极的作用。

② 共同体验。经过交往，在建立了初步信任之后，在条件允许的情况下，设计师与投资人共同对市场成功的案例进行实地体验，是非常有效的。讨论的话题可以更加宽泛，不局限在环境和设计本身，对文化、市场、管理、服务等都可以进行广泛的意见交换。

## （3）换位思考

要想与投资人良好地融合，设计师需要换位思考，体会相关消费人群的不同要求，最终设计才会更具说服力。

① 成熟的消费者。所有设计都强调以人为本，做好人性化设计。人们在空间中的行为有着怎样的要求？需要怎样的环境？需要怎样的服务？设计的基本要求就是要满足消费者的各种需要，设计师不熟悉这些则不可以胜任设计工作的。观察、发现、调研可以帮助设计师找到新的需求，成熟的消费者能在众多需求中提炼出有代表性的有效需求。

② 投资者。站在投资者的角度，对整体造价的控制会慎之又慎，对材料的选用与使用会有所控制，会受到很多制约，尽可能使用不影响效果、造价低且环保的替代材料。设计师应该清楚，很多商业空间尤其是店中店更新的频率很快，再好的设计3~5年一定会更新，所以设计师不能过于不计成本地标新立异。

③ 管理者（经营者）。有效的管理一定能节约成本，专业的管理能让企业焕然一新。如何让管理出效益？良好的管理需要怎样的环境、条件？试想在设计之初就有这样的思考，会是一个什么样的结果呢？比如商场设计，动线是否合理、能否流畅，营业空间与辅助空间的比例是否合理，服务空间在商场中的位置是否合理等，什么样的情况更有利于经营及可持续经营，创造价值不只是口号，更好地使用空间源于合理的设计。

图2-134 中央大道大型电子屏

## 五、训练程序

▶▶▶ 1. 调研分析

对在校生来说,调研是设计工作的开始,也是很好的学习方式,向社会学习、向市场学习。一个相对独立、完整的设计任务,调研分析可分下面三个步骤进行。

(1)现实空间

到繁华的商业环境中,感受各类空间设计实例。对具体的商业室内设计要素,空间的表现,氛围的营造,以及照明、色彩、材料等有清晰的认知。如果是实际项目就需要到项目现场,对项目的周边环境,建筑及空间现状有比较深入的了解(图2-135)。

图2-135　学生实地调研/大连工业大学艺术设计学院

（2）书籍资讯

发达、便捷的网络给同学们提供了广阔的视野，见多才能识广。

（3）集中发现问题并分类分析归纳

现状分析，问题归类，再提出新想法。要有经营意识、管理意识、经济意识、环保意识、安全意识、法规意识等，并用PPT的形式完成调研报告，结合调研实例或者网络图片书写调研分析结果。在课程时间允许的情况下，提供演示的机会。

▶▶▶ 2. 概念设计

自由组成小组，大家聚在一起讨论，并把讨论过程和结论记录下来，一定要开展海阔天空地畅想！一定要放开思维！概念前期查询法规和规范，概念中期设计元素提取和概念整理，概念后期业态填充和行业前瞻。

▶▶▶ 3. 方案汇报

汇报是同学间最好的交流形式，是口头表达能力最好的训练方式（图2-136），要汇报的内容如下：

① 平面布置；

② 概念陈述；

③ 参考图片简报；

④ 创新内容的思考（业态创新、服务流程创新或创新型的空间关系）；

图2-136　学生汇报交流／大连工业大学艺术设计学院

训练四　典型商业空间设计

⑤ 投资成本控制（养成做设计时在脑袋里计算花销的习惯）；

⑥ 内外景观的相关思考；

⑦ 制作PPT。

### ▶▶ 4. 空间设计

功能分区：合理、科学、舒适的功能分区有助于效率的提高。最大限度的空间利用，既是设计的问题，也是经济的问题。

空间关系：交错、变化、自然的空间关系有助于视觉者认同，但更应该解决的是空间过渡自然流畅、有助经营与管理的要求。

动线设计：流畅、生动、序列的动线设计有助于空间的差异化和价值目标的实现。

### ▶▶ 5. 方案确定

经过草图比对、同学之间设计交流、教师辅导，确定最终可行性方案（图2-136）。

① 确定主材品牌、厂家，选择主材规格、质地；

② 绘制施工图、详图、效果图；

③ 编制简单的工程估算；

④ 制作设计报告册。

这部分的作业内容不做统一量化要求，鼓励同学们自己确定完成目标，不要求过于详尽，注重工作过程，强调体会和经历。

### ▶▶ 6. PPT演示、交流

PPT的应用相当广泛，其制作完全能看出同学们的学习态度和专业修养。即使用同样的图片、文字制作出来的效果也存在巨大差异。二维表现也是体现学生能力的一个方面，所以对学生同样有着较高的

要求，这些细节的要求对学生的成长是有好处的，养成遇事认真的态度，才会不断进步，才能在未来的竞争中立于不败之地。学生学习期间，设计思维的训练、动手能力的训练、表现技术的训练都是必要的，除此之外，沟通能力的训练也是十分重要的，这是合格设计师的基本素养。现在的设计很多时候都是由团队合作完成的，不懂得交流就很难做到融合。跟业主的交流更是一门学问，所以在学校的学习应该有意识地加强这方面的训练。交流能力的提升有助于学生更好地学习设计，对口头表达能力的建立也很有帮助。在校的表达训练就是为了以后更好地与业主交流，良好的语言表达能力与学生的自身素养和平日的积累是密不可分的，并且要基于表达者对设计方案信息的全方位掌握及其对设计工作的热爱。

① 作业交流要求每位同学将自己完成的作品，制作成PPT，在课堂上与老师互动、与同学交流。由于同学们设计定位各不相同，因此，很好地做到了同学间设计讯息的共享和创意思维的交流，有助于学生相互之间更好地学习。

② 建立表达的准确性、可理解性和感染力。设计是一个典型的服务性行业。在设计过程中，设计师在各个阶段都要与客户打交道，尤其是对设计的解读，设计师的表述要有重点，目的要明确。评判表达是否到位的标准有三个方面：信息表达的准确性、可理解性、感染力；要与自己的表达目的相吻合；适合听众对象和场合，得体、适度的语音、语速和肢体语言。设计师的口头表达强调其说明性，说明性语言的准确性与科学性是先决条件。在准确的前提下，说明性的表达一般以平实见长。说明性表达方法的特点如下：内容的知识性与完整性；材料的科学性与文化性；语言的通俗性与专业性；表达的解说性与平实性；结构的条理性与严谨性。

## 六、思政训练项目

调研一个大型商业综合体，以培育契约精神、社会责任感和创新思维。该项目旨在强调社会责任、可持续性、伦理道德和规则意识。

① 调研与分析：学生应进行详细的调研和分析，包括商业综合体的市场需求、目标受众、竞争环境、规则和法律等。调研结果将用于设计方案。

② 契约精神培育：学生需要在项目中培育契约精神，确保契约是双方自由、平等、诚实、守信的基本合意。契约应具有合法性和公平性。

③ 社会责任与可持续性：学生需要考察商业综合体对社会和环境的影响，强调社会责任感和可持续性。设计应满足社会需求，保护环境，促进社会福祉。

④ 伦理道德与规则意识：学生需要理解伦理道德和规则的重要性，确保设计合法合规，遵循道德准则，尊重法律和规则。

通过这一项目，学生将有机会调研大型商业综合体，培育契约精神、社会责任感和创新思维，成为有社会责任感和创新思维的商业空间设计师。同时，他们将能够运用伦理道德和规则意识来确保设计合法和合规。

## 七、延伸阅读与参考资源

[1] 迈克尔-莱杰. 重构美国抽象表现主义 [M]. 南京：江苏美术出版社，2015.

[2] 贡布里希. 艺术的故事 [M]. 南宁：广西美术出版社，2017.

[3] 陈新. 走出中国酒店建设和管理的误区 [M]. 北京：人民出版社，2018.

[4] 原研哉. 设计中的设计 [M]. 北京：中国青年出版社，2006.

# 第三章
## 商业空间设计的欣赏与分析

第一节　北京 SKP-S——沉浸式商业与主题叙事

第二节　钟书阁——空间构成与形式语言

第三节　新加坡 Funan——多元业态与数字科技

第四节　曼谷 ICONSIAM——传统文化与当代商机

本章是对经典商业空间案例的介绍，深入探讨了现代商业空间的多样性和前沿创新性。从北京的 SKP-S 带来的沉浸式商业体验，到钟书阁的空间构成与形式语言的探究，再到新加坡 Funan 的多元业态与数字科技融合，以及曼谷 ICONSIAM 的传承传统文化并开创当代商机。这一章将引领读者穿越不同地域和概念的商业空间，深度分析其设计特点，挖掘背后的灵感和创新，以启发对商业设计的更深层次理解。

# 第一节　北京 SKP-S——沉浸式商业与主题叙事

### 案例简介

北京 SKP-S 是一个具有革命性商业空间设计的沉浸式购物中心，位于中国首屈一指的高端奢侈品百货 SKP 旗下。这个案例展示了如何将沉浸式体验与主题叙事相结合，为消费者提供前所未有的购物体验（图3-1）。

### 案例背景

Gentle Monster，一家来自韩国的时尚墨镜品牌，汇集了独特的设计、艺术与主题式旗舰店。SKP-S 商业空间由 Gentle Monster 主导设计，以"数字－模拟未来"为主题，向消费者呈现未来人类在火星的生活遐想。

### 案例要点

#### ▶▶▶ 1. 主题沉浸式商业

SKP-S 是以火星主题为中心的主题沉浸式商业空间，为消费者提供了一个身临其境的未来探险。

① 连贯的主题：SKP-S 的连贯主题是与火星有关

图3-1　北京SKP-S建筑外观 / 图片来源 SYBARITE

的"数字-模拟未来"主题。这个主题贯穿整个商业综合体的始终，构建了一个连贯的叙事线索，将不同层次的商业空间紧密相连。从一楼的"未来农场"到三楼的"火星空间"，SKP-S讲述了未来人类移民至火星的生活遐想。整个设计理念旨在探索数字化的未来与模拟的过去之间的平衡，创造一个令人兴奋的未来主题的世界。这一连贯主题使整个商业综合体成为一个引人入胜的故事，让顾客在探索的过程中沉浸在一个富有创意和情感共鸣的环境中。重要的是确保主题在不同楼层和商店之间保持一致性和连贯性。SKP-S的设计成功之处在于每个楼层都有一个独特的主题，但这些主题之间有着明显的联系。这样，消费者在探索不同部分时会感到更加亲切，就像是参与了一个大型的叙事活动（图3-2）。

② 情感共鸣：主题沉浸式商业空间的关键之一是触发情感共鸣。在SKP-S的情境中，它不仅提供了未来科技的奇妙之旅，还引发了人们对过去的回忆。这种情感共鸣使顾客与空间建立更紧密的联系，使他们更容易产生深层次的体验。

③ 互动性：除了让消费者作为观众来感受主题外，主题沉浸式商业空间还可以提供互动性。SKP-S的案例中，450只装置艺术"企鹅魔镜"就是一个很好的例子。这些企鹅可以随着顾客的动向转动，与顾客互动，增加了空间的乐趣和参与感（图3-3）。

④ 细节的关注：为了实现主题沉浸式体验，设计师通常需要对细节进行精心的关注。这包括装饰、灯光、声音效果以及空间布局。SKP-S的一楼"未来农场"通过精致的机械绵羊、真实的叫声和植被装饰，创造出逼真的农场体验，使消费者感受到穿越时光般的奇妙（图3-4）。

⑤ 品牌故事的延伸：主题沉浸式商业空间可以用来延伸品牌故事。在SKP-S的情景中，Gentle Monster以创新和未来探索为核心，将这一理念融入空间设计中。这有助于塑造独特的品牌形象，吸引更多受众。

主题沉浸式商业空间是一种强大的设计方法，它为顾客提供的不仅是购物体验，更是情感体验的机会。

它要求创造者将空间设计与故事叙事相结合，创造一个独特、连贯和引人入胜的体验，使人们融入其中，成为故事的一部分。这不仅仅是商业空间的进化，也是品牌与顾客之间的更深层次互动。

图3-2　双色玻璃通道／图片来源 SYBARITE

图3-3　企鹅魔镜互动装置

图3-4　"未来农场"的机械绵羊

### ▶▶ 2. 空间叙事性线索

SKP-S 的成功之处在于其出色的空间故事叙事，这是一个主题沉浸式商业空间的核心特征。每一层的商业空间都被融入一个故事中，这些故事在整个商业综合体中相互呼应，共同构成一个连贯的叙事线索。这个连贯性的叙事线索将消费者带入了未来人类登陆火星的想象世界中，创造了一个引人入胜的体验，让顾客能够在探索过程中沉浸在这个故事中。

① "未来农场"故事：从一楼的"未来农场"开始，这个部分以机械羊和绵羊克隆为主题。它探讨了数字科技的发展将人类带向一个由机器掌控信息和人工智能操纵人类记忆的世界。这里的复制羊和它们的原始样本，以及机械羊的逼真呼声，都让顾客感受到虚拟与现实之间的巧妙平衡。

② "火星博物馆"故事：第二层的"火星博物馆"则庆祝人类移居火星 100 周年，以火星探险和定居为主题。这部分呈现了火星残骸和宇宙飞船的装置，带顾客探索一个富有工业风的环境。这里的主题探讨了人类对过去地球的眷恋以及对火星新家园的探索（图3-5、图3-6）。

③ "火星空间"故事：最终，第三层的"火星空间"展示了一个复制了整个火星扩荒项目的未来场景，让人们体验数字人作为新的物种，通过旧时媒介和初代火星家园的遗迹来研究他们的历史。这部分突显了数字化世界与模拟世界的对立，以及对未来和过去的探索（图3-7、图3-8）。

这些故事元素相互连接，通过视觉和感官体验，以及互动元素，如羊的喂养和机器人的交谈，让顾客能够真正沉浸在这个富有创意和情感的故事中。这种连贯的叙事线索不仅增强了商业空间的吸引力，还使顾客更深入地了解了 SKP-S 的主题和品牌理念。这是一个极具创新性和沉浸感的购物体验，超越了传统购物中心的概念，为顾客提供了一个与品牌互动和参与的机会（图3-9 至图3-14）。

图3-5 人类成功移居火星100周年为故事背景

图3-6 一层TERRA主题科幻般的体验场景

图3-7 三层的火星人类基地

图3-8 中国火星登陆探测器猜想模型 / 图片来源SYBARITE

图3-9　SKP-S的GUCCI零售门市

图3-12　SKP-S的Louis Vuitton旅行主题

图3-10　SKP-S的GUCCI概念店家饰区

图3-13　SKP-S的Prada户外主题

图3-11　SKP-S的GUCCI概念店美妆区

图3-14　GENTLE MONSTER打造了一个连接地球和火星的虫洞

### ▶▶ 3. 沉浸式设计理论

沉浸式设计理论是一种设计方法，旨在创造引人入胜的体验，使人完全投入设计的环境或情境中。这个理论强调创造一个融入周围环境的体验，以便参与者可以感觉到他们被包围、吸引和参与其中，而不只是旁观者。沉浸式设计的目标是通过各种设计元素，如环境、互动、多感官体验和叙事，让人们在设计的环境或情境中感到全身心投入，从而创造深刻的情感和认知体验。这种设计方法可应用于各种领域，包括文化、娱乐、零售、教育等，以提供独特而难以忘怀的体验。

SKP-S展示了多层次的沉浸式设计，涵盖了环境沉浸式、主题沉浸式和空间沉浸式的元素。这种设计风格在商业空间中增加了层次感和丰富性，为顾客提供了更加深刻和交互式的体验，让他们感受到故事情节的吸引力。以下是这些不同层次的沉浸式设计：

① 环境沉浸式：在 SKP-S 中，环境沉浸式是通过营造人工和自然环境的方式实现的。一楼的"未来农场"就是一个很好的例子，其中有机械羊和绵羊克隆，以及声音和视觉效果，为顾客呈现出虚拟与现实的奇妙平衡。这种环境沉浸式设计不仅提升了视觉效果，还允许顾客互动，例如喂食机械羊，使他们更深入地融入商业空间的故事情节中（图 3-15）。

② 主题沉浸式：主题沉浸式在 SKP-S 中表现为不同楼层围绕同一个主题建立，并将主题文化融入空间设计中。每个楼层都与火星主题紧密相连，从"未来农场"到"火星空间"，共同构成一个连贯的叙事线索。这个主题文化使商业综合体具有独特的性格和识别度，让顾客能够在整个探索过程中感受到主题的深刻内涵（图 3-16、图 3-17）。

③ 空间沉浸式：空间沉浸式在 SKP-S 中通过出色的空间设计实现，让商业空间成为一个景点式的空间。每一层的设计都强调空间的精彩绝伦，从大型机械雕塑到复制火星探险项目的场景。这种设计激发了顾客的好奇心，使他们有探索空间的愿望，进一步促使他们深度参与品牌故事（图 3-18）。

这些不同层次的沉浸式设计共同为 SKP-S 的商业空间增加了深度和维度，超越了传统购物中心的概念。它们创造了一个引人入胜的世界，使顾客有机会与品牌互动，探索未来火星人类的故事，并在购物体验中享受充实和独特的情感联系。这种沉浸式

图3-16 "本我"和"AI我"在时空隧道的对话

图3-17 "火星空间"主题沉浸场景

图3-15 "未来农场"中逼真的克隆羊

图3-18 4楼的展览空间T-10开幕首展《时间的箭与环》

设计不仅满足了现代顾客对独特体验的需求，还为品牌营销和故事叙事提供了无限可能性。这一设计理念在商业环境中的应用有望继续为零售和消费品行业带来新的创新（图3-19至图3-25）。

图3-19　"火星博物馆"为主题的时装集合店

图3-23　三楼NUDAKE甜品店

图3-20　三层太空舱体／2019

图3-21　三层GENTLE MONSTER里面的陈设有一种经过虫洞的拉伸感和错位感

图3-24　三层太空舱体内部

图3-22　三层GENTLE MONSTER打造的NUDAKE甜品店

图3-25　三层被打包的"历史文物"

## 第二节　钟书阁——空间构成与形式语言

**案例简介**

钟书阁，被誉为"中国最美书店"，代表了中国独特的书店文化。由上海的钟书实业有限公司创立，钟书阁首家店铺于2013年在上海开业，而在短短的十年时间里，钟书阁已经开设了43家分店，分布在全国29个城市。钟书阁以其独特的设计和多元化文化体验而闻名，它的成功源于对书店概念的重新定义，通过创新的空间构成和形式语言，将书店提升到更高的艺术和文化境界。

苏州钟书阁、西安钟书阁、都江堰钟书阁和深圳钟书阁等分店，在空间构成和形式语言上都秉承了钟书阁的核心理念，即通过独特的文化融合，让阅读与社区、历史、艺术和当地文化相互交融，创造出充满活力和文化内涵的书店体验。

### ▶▶▶ 1. 苏州钟书阁

背景：苏州钟书阁由 Wutopia Lab 设计，该书店分为四个主要功能区，以及几个辅助功能区，每个区域都有其独特的设计和空间构成（图3-26至图3-30）。

空间构成与形式语言：这个案例展示了引人入胜的空间构成和形式语言，提供了多个学习观点：

① 水晶圣殿：书店入口的新书展示区采用透明亚克力搁板，书籍仿佛漂浮在空中，并以玻璃砖、镜子、亚克力和白色创造了水晶圣殿。这个区域的设计充满了纯净和光亮感，引导读者进入书店。

② 萤火虫洞：推荐书阅读区采用了光导纤维，创造出萤火虫般的光辉，将读者引向这个虫洞。这个区域与水晶圣殿形成鲜明对比（图3-31）。

③ 彩虹下的新桃花源：这个区域是明亮而宽敞的，引入了自然光线。这里包括收银台、咖啡吧和图书阅览空间。设计师通过书台、书架和台阶等功能元

图3-26　苏州钟书阁大厅1 / 图片来源：CreatAR

图3-27　苏州钟书阁大厅2 / 图片来源：Yijie Hu

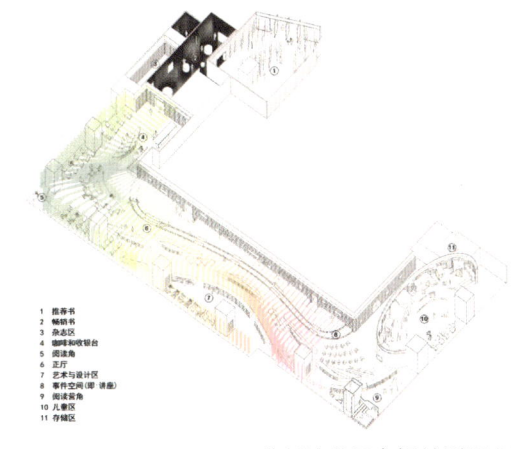

图3-28　苏州钟书阁空间轴测图 / 2017

图3-29　苏州钟书阁水晶圣殿 / 图片来源：CreatAR

素，创造了一个抽象的山水世界，成为新桃花源，这个区域由广阔的彩虹屏风划分（图3-32）。

④ 童心城堡：儿童阅读区是一个白色椭圆形城堡，由正反建筑小屋互相穿插而成。孩子们可以在这个互动式空间中自由浏览书籍，互相交往（图3-33）。

⑤ 彩虹视觉效果：彩虹是由带有花瓣图案的穿孔铝板形成的，当穿孔率超过50%时，铝板在视觉上失去了金属质感。这个设计在建筑外部和内部产生了极具惊喜的视觉效果（图3-34）。

学习价值：苏州钟书阁充满创新和多样性，通过这个案例可以从中获得以下方面的学习价值。

① 主题表达：学习如何将主题融入设计，以传达情感和价值观。

② 材料和形式语言：了解如何选择和应用不同材料和形式语言，以实现设计目标。

③ 空间构成：研究如何设计不同功能区域，以满足不同需求，如阅读、购物和互动。

④ 儿童空间设计：儿童阅读区的设计示范了如何创造适合孩子的互动式和吸引人的空间。

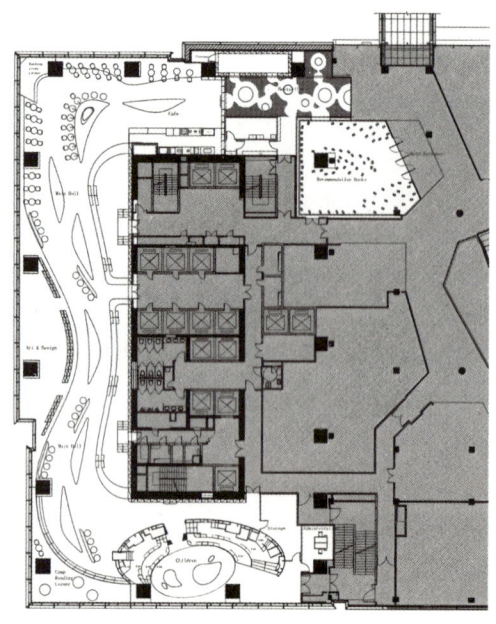

图3-30　苏州钟书阁平面图

图3-31　苏州钟书阁萤火虫洞 / 图片来源：Yijie Hu

图3-33　苏州钟书阁童心城堡 / 图片来源：Yijie Hu

图3-32　苏州钟书阁彩虹下的新桃花源 / 图片来源：Yijie Hu

图3-34　苏州钟书阁彩色穿孔铝板 / 图片来源：Yijie Hu

### ▶▶▶ 2. 西安钟书阁

背景：西安钟书阁是由建筑设计事务所 Wutopia Lab 在中国历史悠久的城市西安设计和建造的一座独特的图书馆和商店。该项目突破了传统书店和图书馆的界限，采用了极具创新性的空间构成和形式语言。

空间构成与形式语言：西安钟书阁以纯洁的白色为主题，融入了极具创意的空间构成和形式语言，打造一个白云上的读书天堂，创造了独特的空间体验（图 3-35）。

① 宏大的入口体验：该项目采用了非传统的进入方式，设计了引人入胜的闪亮入口，打通五层楼板，展示了空间构成中的巧妙设计。一个无柱的白色弧线楼梯引导访客进入书店的主要区域。这个宏大的入口激发了访客的好奇心，使其对书店内部产生期待（图 3-36）。

② 曲线书架创新：针对限制条件和消防规范，钟书阁采用了 5mm 厚的钢板，以制定曲线书架，这是极具创意的设计选择。这些曲线书架以悬挑的方式悬浮在空间中，突破了传统的书架设计，创造出轻盈的流线型空间（图 3-37、图 3-38）。

③ 数字化设计和生产：该项目中的每片钢板都经过数字化设计和数控机床加工生产，以确保精确的形状和结构。这种高度精细的制造方式使得空间构成更具可行性。

④ 多功能的中央区域：该项目在中央公共阅读区引入了开放性平台，用以展示"每月一书"。这个中央区域的楼板采用了玻璃地板，为访客提供独特的空间体验。这个中央区域的多功能性创造了一个思想和灵魂的空间（图 3-39）。

图3-36 西安钟书阁白色弧线楼梯 / 图片来源：CreatAR

图3-37 西安钟书阁彩曲线书架1 / 图片来源：CreatAR

图3-38 西安钟书阁彩曲线书架2 / 图片来源：CreatAR

图3-35 西安钟书阁 / 图片来源：CreatAR

图3-39 西安钟书阁公共阅读区1 / 图片来源：CreatAR

⑤儿童区的独特性：该项目还包括一个隐秘的儿童图书馆，通过树木和动物的剪影创造出一个令人兴奋的儿童天堂。这个空间为孩子们提供了自主探索的机会，创造了一个令人兴奋的世界（图3-40）。

学习价值：这个案例融合了多个设计层面的创新性和复杂性。从空间构成到材料选择，从数字化设计到形式语言，钟书阁的设计代表了突破传统界限，以独特的方式满足用户的需求。我们可以从这个案例中学到以下方面。

① 创新设计思维：学习如何采用创新的设计思维，以创造独特而引人入胜的空间。

② 数字化设计和生产：了解数字化设计和生产如何提高设计的精度和可行性。

③ 材料选择和结构设计：研究如何选择适当的材料和设计结构，以实现大胆的设计构想。

④ 多功能性设计：学习如何将多种功能融入一个空间，以满足不同用户的需求。

⑤ 空间体验：理解如何通过设计创造引人入胜的空间体验，提供令人难忘的访客体验（图3-41至图3-46）。

图3-40　西安钟书阁儿童区 / 图片来源：CreatAR

图3-41　西安钟书阁空间透景 / 图片来源：CreatAR

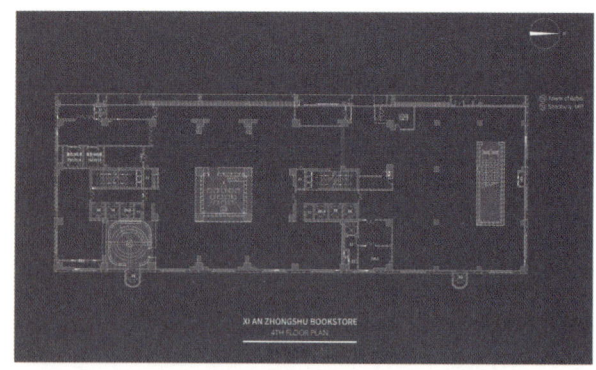

图3-42　西安钟书阁四层平面

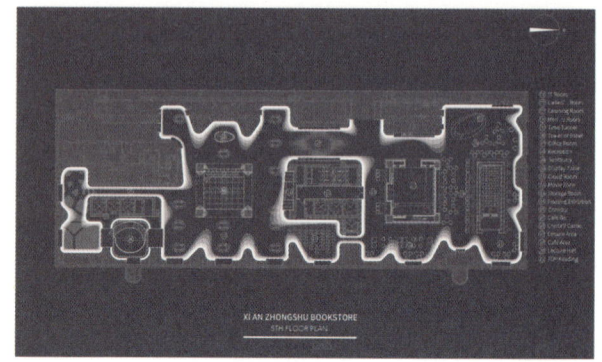

图3-43　西安钟书阁五层平面

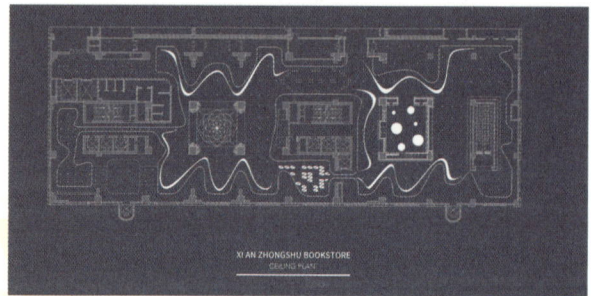

图3-44　西安钟书阁天花平面图

图3-45　西安钟书阁剖面图

图3-46　西安钟书阁公共阅读区2 / 图片来源：CreatAR

### ▶▶▶ 3. 都江堰钟书阁

背景：钟书阁是都江堰市首家文旅主题店，由唯想国际设计。这个项目的地理位置非常独特，有着丰富的自然和文化资源。

空间构成与形式语言：这个案例以竹林为主题，采用了独特的空间构成和形式语言，传达了四川特有的地域文化（图3-47至图3-50）。

① 入口与前厅：进入钟书阁时，访客被朴质的胡桃木色C形书架所吸引，这些书架创造了一种不规则的环列，给人一种亲切感。这个设计源于饱有岁月沉淀韵味的青瓦，具有弧形，不仅美观，还为前厅带来了特殊的韵味。

② 童书区设计：绘本区采用了象征竹子高耸矗立的书架，以创造一个充满自然氛围的阅读环境。这个区域的设计与四川的代表元素——竹林环绕中的熊猫相结合，给孩子们带来了一个可爱梦幻的阅读体验。

③ 中央文学区：这个区域通过采用镜面天花板创造了通高的感觉，使空间更显开放。都江堰水坝作为主题元素被艺术化地呈现，为书墙提供支撑。船舶演化成摆书台，创造了一个壮观的空间。

④ 高区书架：高区书架与楼梯相结合，扩大了图书陈设和使用率。设计师通过内建筑和端景的方式，将山河的壮丽景色融入室内，创造了震撼人心的艺术景观。

⑤ 自然与文化融：这个案例强调了自然和文化元素的融合。从瓦片工艺的人类筹谋到竹海的童真意趣，再到山水起伏的自然光景，都呈现了自然和文化在空间构成中的和谐共生。

图3-48 都江堰钟书阁船舶形态的摆书台

图3-49 都江堰钟书阁镜面天花产生的通高感觉

图3-47 都江堰钟书阁

图3-50 都江堰钟书阁水坝形态的书架

学习价值：这个案例涵盖了多个关键设计概念，如形式语言、空间构成、主题表达和文化融合。我们可以从这个案例中学到以下方面。

① 主题表达：了解如何将主题融入空间设计中，以创造独特的体验。

② 空间构成：研究如何设计不同区域的空间，以满足不同需求，例如前厅、童书区、中央文学区和高区书架。

③ 材料和形式语言：学到如何选择和应用不同材料和形式语言，以达到空间设计的目标。

④ 自然与文化元素融合：理解如何将自然和文化元素巧妙融合，以创造具有深刻内涵的设计（图3-51至图3-55）。

图3-53 都江堰钟书阁休闲区

图3-51 都江堰钟书阁镜面天花 / 2020

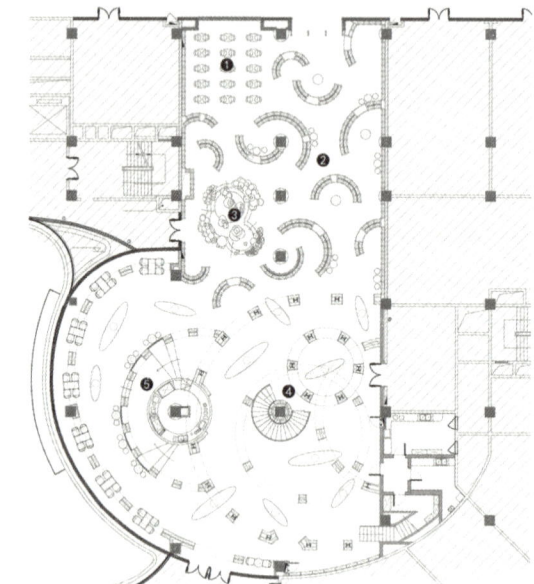

1F Plan
① 论坛区
② 阅读区
③ 儿童阅读区
④ 文学区
⑤ 咖啡

图3-54 都江堰钟书阁一层平面图

图3-52 都江堰钟书阁内景

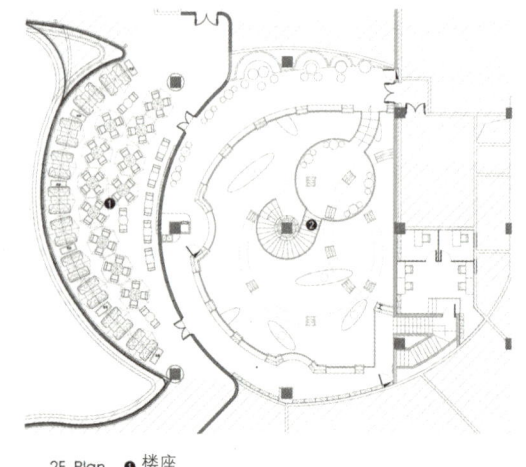

2F Plan
① 楼座
② 文学区

图3-55 都江堰钟书阁二层平面图

### ▶▶▶ 4. 深圳钟书阁

背景：深圳钟书阁是由唯想国际设计的书店，是为了致敬这座城市的历史创作者和奋斗者而创建。

空间构成与形式语言：这个案例突显了独特的空间构成和形式语言，提供了多个学习方面的观点。

① 概念区：这个区域采用大面积的玻璃立面，打破了室外和室内之间的隔阂，提供了开放性的感觉。庞大的螺旋阶梯书架贯穿整个概念区，形成一个具有艺术感的空间（图3-56）。

② 螺旋阶梯：螺旋阶梯的设计引入了时钟表盘形状的切面和钟表指针式样的扶手，暗示了历史是由时间累积而成的。这个设计既兼具功能，又带有艺术性，增加了场所的吸引力（图3-57、图3-58）。

③ 知识殿堂：论坛区的书架被整合为绵延的阶梯，砌筑出一座神圣的知识殿堂。门洞的叠加和多层次的地面动线丰富了空间的感觉，而简洁的灯具为场所提供柔和的照明（图3-59）。

④ 商业与艺术融合：这个案例成功地将商业与艺术融为一体，突破了空间拘泥于功能的传统观念。这不仅传达了品牌的价值取向，还为购物体验注入了创新的场所基因。

⑤ 综合性体验：深圳钟书阁不仅是城市奋斗者的纪念之地，还是知识和智慧的疗愈之所。它提供了一个融合商业、文化和艺术的综合性体验。

图3-57 深圳堰钟书阁螺旋阶梯书架1/ 图片来源：SFAP

图3-58 深圳堰钟书阁螺旋阶梯书架切面 / 图片来源：SFAP

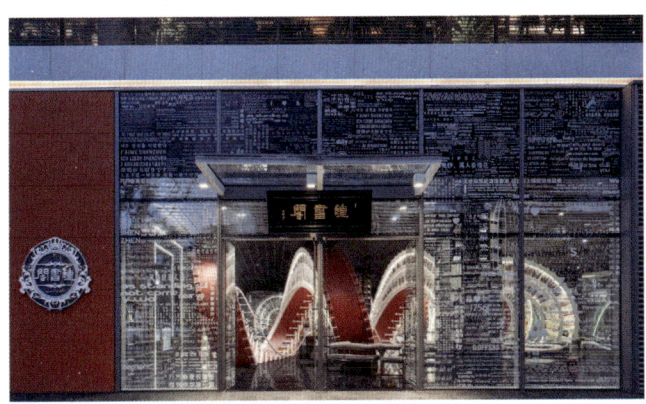

图3-56 深圳堰钟书阁大面积玻璃立面 / 图片来源：SFAP

图3-59 深圳堰钟书阁知识殿堂 / 图片来源：SFAP

学习价值：这个案例展示了如何通过独特的空间构成和形式语言来创造引人入胜的商业空间。我们可以从这个案例中学到以下方面。

① 主题表达：理解如何将主题融入设计，以传达特定的情感和价值观。

② 空间构成：研究如何设计不同区域的空间，以满足不同需求，如概念区、知识殿堂和论坛区。

③ 材料和形式语言：了解如何选择和应用不同材料和形式语言，以达到设计的目标。

④ 商业与艺术融合：学到如何将商业和艺术元素相结合，以创造独特的购物体验（图 3-60 至图 3-64）。

图3-62　深圳堰钟书阁休闲区 / 图片来源：SFAP

图3-60　深圳堰钟书阁螺旋阶梯书架2 / 图片来源：SFAP

图3-63　深圳堰钟书阁 / 图片来源：SFAP

图3-61　深圳堰钟书阁螺旋阶梯书架3 / 图片来源：SFAP

图3-64　深圳堰钟书阁简洁的灯具 / 图片来源：SFAP

# 第三节  新加坡Funan——多元业态与数字科技

### 案例简介

Funan商业综合体位于新加坡市中心，以焕然新生的方式取代了曾经的IT购物中心。这个项目由Woods Bagot设计，并受到凯德置地的委托。Funan是一个融合零售、娱乐、休闲、健康、餐饮、共享办公、共享社区和公共空间的综合体，代表了未来综合体开发的范例。该项目的目标是在考虑电商和实体店转型的背景下，开创新的零售体验，提高新一代消费者的参与度（图3-65、图3-66）。

图3-65  项目鸟瞰 / 图片来源：Tim Franco

### 设计理念

Funan的核心设计理念体现在位于中心位置的"生命之树"上，这是一个高约25m的六层钢木结构，由地下2层到地上4层。树的根部从地面生长，支撑整个建筑，而树枝则延伸到各个功能空间。这个生命之树象征着"创意源于合作"，而树枝下的空间成为"热情集结地"，集合了科技、娱乐、运动、游戏、手工和创意工坊等多种业态（图3-67）。

图3-66  主立面 / 图片来源：Tim Franco

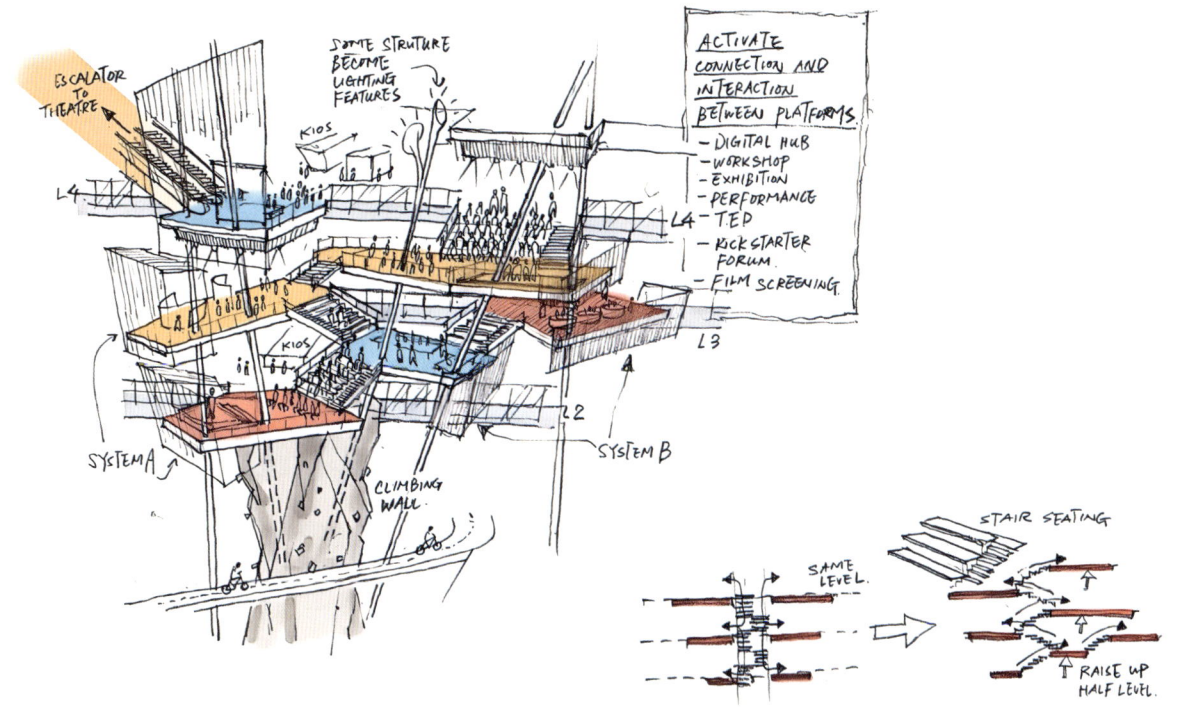

图3-67  设计草图："生命之树" / 图片来源：Woods Bagot

### ▶▶▶ 1. 多元业态

① 零售业态创新：Funan 采取了一种创新的方式，重新定义了传统的购物体验。除了传统的零售店铺，还引入了淘宝 Funan 概念店，作为淘宝在东南亚的最大线下出口店。这种融合线上线下的零售体验为消费者提供了与电子商务无法比拟的机会。此外，该项目还吸引了国际知名品牌如戴森和大疆，这些品牌在 Funan 开设了新加坡首家店铺。

② 娱乐与体验业态：Funan 不仅仅是一个购物中心，还包括了娱乐和体验业态，如新加坡首家由 W!LD RICE 管理的黑盒子剧院，以及一个约 1700m² 的美食天地。这些业态增强了建筑的社交互动和吸引力，使 Funan 成为人们寻找娱乐和美食体验的去处（图 3-68）。

③ 共享办公和社区空间：Funan 还包括共享办公空间和 Ascott 的新品牌 lyf 运营的共享生活空间。这些业态满足了不同人群的需求，特别是千禧一代，他们喜欢社交互动和社区协作。共享办公空间和社区空间为自由职业者和旅行者提供了工作和住宿的便利（图 3-69）。

④ 体验和互动：Funan 通过数字科技的应用以及提供各种互动机会，鼓励消费者积极参与。动感墙、智能导视系统、人脸识别和接待机器人等技术为消费者提供了创新的体验。消费者还可以随时在 KOPItech 等美食区通过自助点餐终端点餐，进一步提高了互动性（图 3-70）。

⑤ 社交和社区感：Funan 的设计强调社交和社区建设，包括户外绿色阶梯、屋顶花园、足球场和户外休闲区，为访客创造了社交和休闲的空间。此外，共享生活空间 lyf 也旨在满足社交和协作的需求，为千禧一代提供一个社区感强烈的住宿选择（图 3-71）。

图3-69 室内阶梯和平台 / 图片来源：Tim Franco

图3-70 内部空间概览 / 图片来源：Tim Franco

图3-68 美食天地

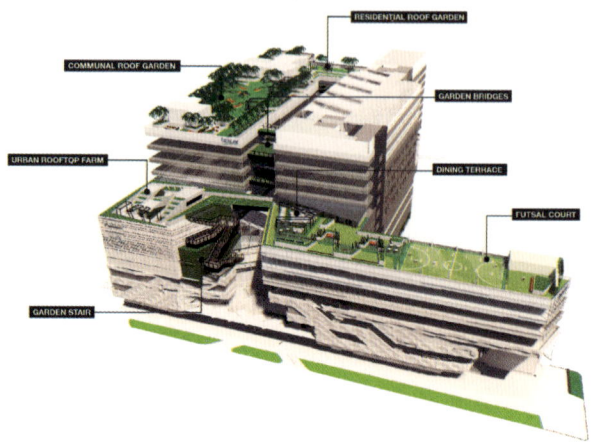

图3-71 功能分布示意 / 图片来源：Woods Bagot

该项目内设计的 200m 长的"室内自行车道"成为一项杰出的创新。这个自行车道不仅为运动爱好者提供了一个轻松的交流平台，同时也为那些不喜欢走路的人们提供了逛街的"理由"和"不用走路"的借口。在这特殊的自行车道上，骑手们可以尽情欣赏购物中心的各个角落，无须步行，而是轻松骑行。更重要的是，这个自行车道并不仅仅提供了一个方便的通行方式。内设的淋浴设施、储物柜、充气泵和自行车修理工具等应有尽有，确保骑手们的舒适和安全（图 3-72、图 3-73）。

此外，Funan 还为骑自行车的顾客提供了 166 个自行车停车位，使他们可以随时停下来，尽情购物，而无须担心自行车的安全问题。这种关注细节的服务，以及项目内部各种创新设计元素，彰显了 Funan 的愿景（图 3-74）。

Funan 的多元业态展示了如何在一个商业综合体中整合多种商业和社交元素，以满足不同人群的需求，从而吸引更多的消费者并提高他们的参与度。这种多元业态的整合有助于项目创造长期可持续的价值，吸引了不同类型的租户和访客，使其成为一个具有吸引力的城市中心热门去处（图 3-75）。

图3-73　自行车道 / 图片来源：Tim Franco

图3-72　Funan是新加坡第一个允许骑行穿过的商业建筑 / 图片来源：Tim Franco

图3-74　服务设施 / 图片来源：Tim Franco

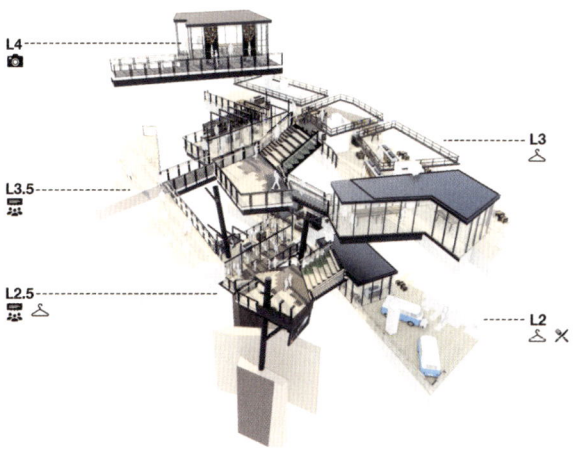

图3-75　楼层示意 / 图片来源：Woods Bagot

### ▶▶▶ 2. 数字科技

① 动感墙：Funan 引入了新加坡第一座动感墙，高 13m，宽 9m，是一个多媒体巨屏。这个屏幕不仅可以显示日期和时间，还具有内置感应器，可以根据人们的动作变换画面。这种科幻感触发了人们的好奇心和兴奋感，首次为访客提供了与传统购物中心完全不同的互动体验（图 3-76）。

② 智能导视系统：Funan 采用了智能导视系统，该系统通过扫描访客的外貌特征来为他们推荐品牌和活动。开发设置这个系统的目的是引导访客前往特定商铺，以提供更个性化的购物体验。这不仅提高了访客的便捷性，还可以帮助商家提高销售。

③ 人脸识别：Funan 的人脸识别技术不仅用于推荐产品，还用于安全和访客识别。这项技术有助于确保购物中心的安全，还可以用于改进运营和分析访客。人脸识别为访客提供了快速入口和出口，同时也提高了购物中心的安全性。

④ 机器人服务：Funan 引入了机器人来提供服务，如接待和帮助访客。这种人机互动为购物中心增添了未来感，同时也提高了效率。机器人的存在增加了访客的互动和探索机会，为他们提供了有趣的体验。

⑤ 自动化提货：通过提供一次性密码，Funan 实现了"免提购物"的概念。访客可以将已购物品存储在特定位置，然后使用手机扫描密码，电子手臂会将商品送到领取处。这种技术不仅提供了方便，还减少了购物过程中的负担，使购物变得更加轻松和高效（图 3-77）。

⑥ 自助点餐终端：在美食区 KOPItech，Funan 设置了 17 个自助点餐终端，让食客可以通过社交软件点餐。这项技术不仅方便快捷，还增加了访客在美食区的互动和自主选择（图 3-78）。

Funan 的数字科技元素不仅为购物者提供了便捷和有趣的体验，还为商家提供了更多的数字化展示机会。这种完美融合的方式使购物中心成为一个科技和商业的前沿，吸引了许多前卫的品牌和科技爱好者。这一数字科技的前瞻性设计使 Funan 成为一

图3-76 动感墙

图3-77 高科技的电子手臂将顾客所购商品放置在领取处

图3-78 自行车餐桌的设置和自助点餐终端

个独特的城市生活空间，为访客提供了与众不同的购物和社交体验。

### ▶▶▶ 3. 学习价值

Funan代表了现代商业地产的未来方向，通过多元业态和数字科技的融合，它成功地将商业、娱乐和社交融为一体，提供了创新和多样化的体验。通过深度整合技术和内容，Funan将线上线下的购物体验模糊，突出了近场和在地性特征。这个案例用来强调以下关键主题：

创新设计理念如何影响商业综合体的体验；
数字科技如何改变购物和社交互动；
社区建设如何与商业地产相结合；
长期主义在商业地产中的应用；
商业地产如何满足新一代消费者的需求。

这个案例帮助我们理解如何应用设计和技术，以适应不断发展的商业和社交需求，从而创建富有活力和创新的商业空间（图3-79至图3-88）。

图3-80　从街道望向"生命之树" / 图片来源：Tim Franco

图3-79　户外绿色阶梯 / 图片来源：Tim Franco

图3-81　入口楼梯 / 图片来源：Tim Franco

图3-82　Funan购物中心是城市综合体的一部分

图3-85　为了高区引流，引导人"向上看"，Funan在不规则中庭里种了一棵颇有意思的"生命之树"，并以此为中心点，打造出一个高效的零售环境

图3-86　"生命之树"采用25m高的六层钢木结构，搭配异形LED显示屏和美陈等共同组成

图3-83　四层楼高的岩壁是新加坡城市地区最高的室内攀岩设施，吸引了众多攀岩爱好者前来

图3-87　"树"上设有20个即插即用、科技感、设计感十足的"悬空"店铺——"树屋"，这些空间专门为快闪店的进驻而设置，为健身、娱乐、餐饮等各个业态的快闪店所用以展示其品牌的产品和手工艺品

图3-84　攀岩墙

图3-88　室内圆形剧场

# 第四节 曼谷ICONSIAM——传统文化与当代商机

## 案例简介

ICONSIAM是泰国曼谷的一座综合性项目,将零售、餐饮、娱乐和文化元素融为一体,为各种年龄和兴趣的人们提供多样化的体验和购物乐趣。ICONSIAM项目是一个将传统文化与当代商机充分结合的杰出案例,下文从这两个角度进行详细分析(图3-89)。

## 案例要点

### ▶▶▶ 1. 传统文化与现代文化的融合

**(1)水灯和莲花造型的建筑空间**

① 外立面设计-"水灯"造型:ICONSIAM的建筑外立面采用了"水灯"造型,这是一个富有象征性的设计元素。在ICONSIAM的外立面设计中,这一元素不仅令人印象深刻,还为整个建筑赋予了神秘和独特的外观。这种外立面设计不仅将泰国传统文化引入了现代商业项目中,还为建筑增色不少(图3-90、图3-91)。

② 室内设计-莲花和流体形式:ICONSIAM的室内设计灵感来自莲花和湄南河,这两者都是泰国文化的象征。项目的7层建筑内部布局采用了柔软的流体形式,这一设计元素与莲花的造型和河流的流动相呼应。在建筑内部,底层地板的深色设计寓意着水,上面几层则逐渐演变成"莲花"的根茎、叶子和花朵,形成了一个整体连贯的设计主题。这种室内设计不仅吸引了游客,还创造了身临其境的体验,仿佛置身于泰国的自然景观之中(图3-92、图3-93)。

图3-90 曼谷ICONSIAM建筑外观

图3-91 曼谷ICONSIAM建筑入口

图3-89 曼谷ICONSIAM

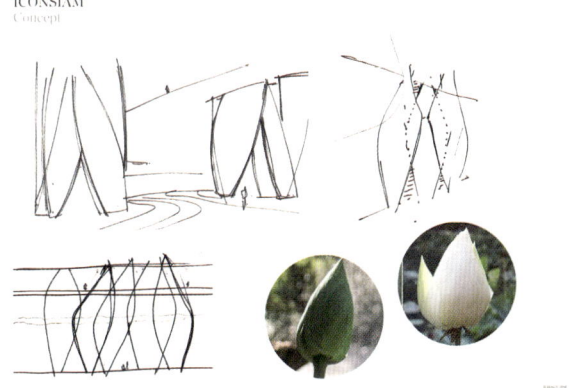

图3-92 空间造型的灵感来源"莲花"

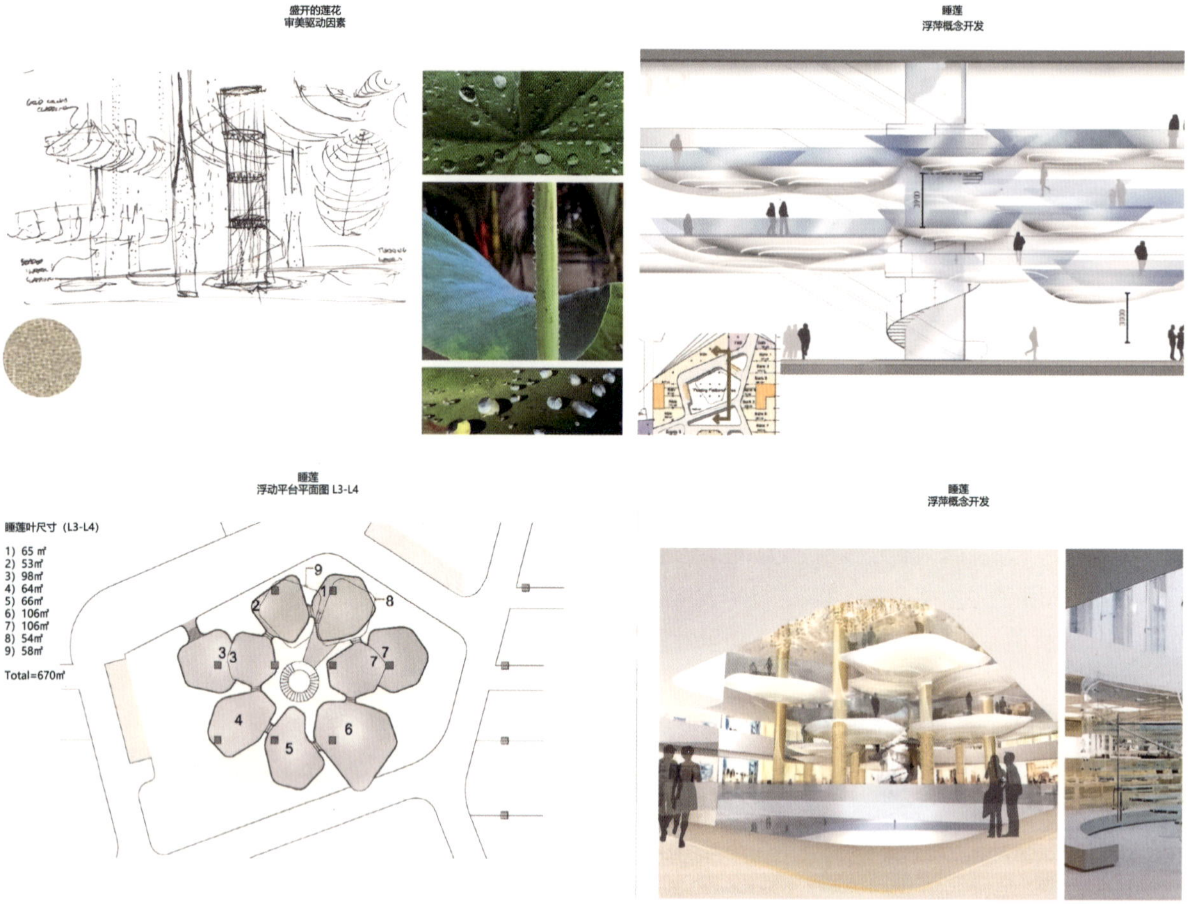

图3-93 空间造型的灵感来源"睡莲叶子"

③ 传统装饰纹样：ICONSIAM 内的 ICONLUXE 大楼拥有一组令人印象深刻的装饰元素，其中最引人注目的要数四根 16m 高的金色柱子，被称作"智慧之光"。这些金柱由泰国国家艺术家荣誉获得者 Preecha Thaothong 教授设计，以图案和雕刻的方式讲述着亚洲不同时代的历史故事，涵盖了诸多地区的文化（图 3-94）。

图3-94 "智慧之光"金色柱子

这些柱子上刻有金色和黑色的传统装饰纹样，展现出泰国传统工艺的辉煌和精致。这一装饰不仅是建筑的装点，更是对泰国丰富历史和文化遗产的尊重和致敬。这些装饰元素为ICONSIAM的室内环境增添了深厚的文化底蕴，使参观者能够感受到泰国的悠久历史和传统价值观，这也强调了ICONSIAM文化融合的精髓（图3-95）。

总的来说，ICONSIAM的建筑和设计不仅令人印象深刻，而且巧妙地将泰国传统文化元素与现代商业项目相结合，创造出一个具有鲜明特色的环境。这种设计不仅吸引了世界各地的游客，还展示了泰国文化的美丽和丰富性。

## （2）传统和多元文化的特色市集

ICONSIAM的特色市集"SookSiam"是一个令人印象深刻的地方，它呈现了泰国不同地区的多元文化、美食、手工艺品和产品，创造出了一个独特的"小泰国"体验。这个市集占地15000m²，被分为四个主要区域，每个区域代表着泰国的不同地区，包括北部、中部、南部和东北部（图3-96）。

在"SookSiam"市集中，游客可以欣赏到每个地区的独特文化和传统艺术的真实展示。每个区域都以其独特的文化、手工艺品、衣物和美食而闻名，从精致的手工艺品到各式各样的美食，这里的选择多种多样。

不仅如此，特色市集的精髓还在于其不断更新的内容。每隔一段时间，市集会进行更新和改变，以确保顾客能够保持新鲜感，每次光顾都能有新的发现。这个定期更新的特色市集成为吸引游客的一大亮点，使ICONSIAM成为一个不断演进和充满惊喜的地方。

"SookSiam"市集的定期变化，不仅吸引了当地居民的光顾，还吸引了游客和购物者前来探寻泰国文化的精髓。这种文化体验强调了ICONSIAM作为文化和商业融合的生活方式中心的愿景，将泰国的多元文化和传统呈现给世界各地的访客。

图3-95　柱子上雕刻着金色和黑色的艺术图案

图3-96　ICONSIAM的特色市集"SookSiam"

### （3）地域和农耕文化的美食休闲

① 美食休闲区：ICONSIAM 的美食休闲区别具特色，其设计以泰国的农耕文化为灵感，营造出一个农耕休闲场景。这一独特的设计理念通过各种装饰和景观元素，为顾客创造了一种仿佛置身于田园风光中的虚拟体验。

② 装饰元素：在美食休闲区，装饰元素的设计突显了农耕文化的特点。碧水绿池上"浮"起的座位，以及与绿植间的"田间小道"相互交织，为顾客呈现出舒缓的农田风景。这些元素的设计使人联想到泰国乡村的风光，为顾客提供了一个宁静、轻松的用餐环境（图 3-97、图 3-98）。

③ 水景元素：在这个区域，设计师精心考虑了水的元素。白色水帘从高处流下，犹如春夏时雨水丰沛的农田，营造出清新、生机勃勃的氛围。这个水景元素不仅增添了美学价值，还为就餐的顾客提供了一种与大自然亲密接触的感觉（图 3-99）。

④ 视觉和听觉体验：在美食休闲区，细致的设计不仅体现在装饰和景观上，还体现在音乐和视觉体验中。特别定制的"专属"音乐为该区域增色不少，让顾客在用餐时能够感受到泰国文化的真正氛围。同时，视觉体验的注重使得顾客能够在这里融入一个传统农耕文化的场景。

这一独特的美食休闲区设计不仅满足了顾客的味蕾需求，还提供了一种富有创意和令人愉悦的用餐体验。它融合了泰国传统文化的元素，通过空间设计和元素的完美结合，将农耕文化呈现得淋漓尽致，使 ICONSIAM 成为一个集美食、文化和休闲娱乐于一体的综合性场所。这种设计不仅吸引了美食家，还为所有访客提供了一个与大自然和文化互动的机会（图 3-100 至图 3-105）。

图3-98　ICONSIAM的美食休闲区的农耕文化元素

图3-97　ICONSIAM的美食休闲区的装饰元素

图3-99　白色水帘从高处流下

图3-100　ICONSIAM底层的室内水上市场1

图3-103　ICONSIAM交织的天花装饰

图3-101　ICONSIAM底层的室内水上市场2

图3-104　ICONSIAM传统农耕装饰元素

图3-102　ICONSIAM底层美食休闲区装饰元素

图3-105　ICONSIAM底层SOOKSIAM市集地图

## （4）传统音乐和艺术

ICONSIAM 不仅是一个零售和娱乐中心，还是泰国传统音乐和艺术的强烈倡导者。这个项目鼓励本土音乐人和艺术家为项目制作特别的音乐和艺术作品，旨在弘扬和传承泰国丰富的文化传统。

① 本土音乐的重要性：ICONSIAM 认识到本土音乐在泰国文化中的关键地位。通过支持和展示泰国传统音乐，它为本土音乐家提供了一个平台，让他们在国内外的观众面前分享他们的才华。这对于保护泰国音乐遗产、传统曲目和乐器至关重要。

② 特别定制的音乐：ICONSIAM 为项目特别制作了"专属"音乐，这些音乐作品旨在为顾客提供一种独特的音乐体验。这些音乐作品融合了传统乐器和现代元素，创造出令人难忘的声音，使顾客在购物和用餐时感受到泰国文化的真正氛围。

③ 艺术作品的展示：除音乐外，ICONSIAM 还鼓励泰国艺术家在项目内展示他们的作品。这为艺术家提供了一个展示作品的机会，同时也使购物中心充满文化和艺术氛围。这种艺术作品的展示不仅是对艺术家的支持，也为 ICONSIAM 的顾客提供了一个与艺术互动的机会（图 3-106）。

通过这些举措，ICONSIAM 展示了对泰国传统文化的强烈热爱和尊重。它不仅仅是一个商业项目，更是一个文化和艺术中心，通过音乐和艺术的融合，为国内外的顾客提供一个更深入了解泰国文化的机会。这也使 ICONSIAM 成为一个与众不同的购物和娱乐场所，吸引那些寻求文化体验的顾客（图 3-107）。

图3-106　传统艺术家现场制作艺术作品

图3-107　ICONSIAM底层SOOKSIAM室内水上市场

### ▶▶▶ 2. 当代商机的充分利用

#### （1）多样的业态

ICONSIAM 不仅仅是一个购物中心，而是一个拥有多元化业态的综合性项目。它融合了零售、餐饮、娱乐和活动中心等各种元素，从而吸引了各个年龄段和品位的人群。这个项目致力于为各种兴趣和需求的顾客提供愉快的体验。不论顾客是购物爱好者，寻求美食体验的美食家，对文化和艺术有浓厚兴趣的文化追随者，还是渴望娱乐和互动的娱乐寻求者，ICONSIAM 都能满足顾客的期望。

ICONSIAM 的特殊之处在于它不仅提供国际知名品牌，还强调本土制造和手工艺品。这意味着顾客可以发现那些独一无二的物品，这些物品通常无法在传统的购物中心找到。从精美的本土手工艺品到国际奢侈品牌的最新时尚，ICONSIAM 为顾客提供了丰富多样的选择，无论是追求独特风格还是奢华品位的人们，都能在这里找到令他们心动的物品。这个项目的多样性是其吸引力的一个关键因素，使其成为一个充满活力的目的地。

#### （2）奢侈品牌入驻

ICONSIAM 的吸引力不仅在其多元化的业态，还在其成功吸引了世界著名的奢侈品牌，如苹果和高岛屋百货，以及泰国本土的时尚潮牌。这种多元化的奢侈品牌入驻使 ICONSIAM 成为购物的天堂，满足各类购物者的不同需求和品位（图 3-108 至图 3-111）。

在 ICONSIAM，购物者可以尽情沉浸在奢华和时尚的世界中。无论购物者是在寻找国际奢侈品牌的最新款式，还是渴望发现泰国本土的创新时尚，这里都能满足购物者的需求。苹果作为全球知名的科技巨头，为科技爱好者和品位追求者提供了最前沿的产品和体验。同时，高岛屋百货则为购物者提供了广泛的选择，包括高端时装、美妆、珠宝、家居用品等。泰国本土潮牌则呈现了当地文化和时尚的独特结合，为那些寻求与众不同的人提供了机会。

图3-108　Apple ICONSIAM 巨大的玻璃幕墙

图3-109　Apple ICONSIAM 顾客体验空间

图3-110　Apple ICONSIAM 顾客互动坊

图3-111　AICONSIAM 高岛屋

ICONSIAM的购物环境和奢华氛围使顾客感受到绝无仅有的购物体验。高品质的服务、宽敞明亮的商店和令人印象深刻的建筑设计使购物不再仅仅是一种日常活动,而成为一种奢侈和愉悦的享受。无论是购物还是仅仅漫步于购物中心,ICONSIAM都能让每位访客感受到独特的品味和风格。这里不仅是购物消费,更是一种生活方式的体验。

（3）多媒体水景沉浸

ICONSIAM的多媒体水景表演是这个综合项目的一大亮点,为游客带来了一场非凡的视听盛宴。这一创新的娱乐元素将水、光、音乐和多媒体完美融合,呈现出独一无二的沉浸体验,让人仿佛进入了一个梦幻的艺术世界（图3-112、图3-113）。

多媒体水景表演的视觉效果令人叹为观止。水的舞蹈和多彩的灯光效果相互交织,创造出美不胜收的画面,令人陷入其中。音乐的和谐与水的动态完美契合,为观众带来一种音乐与舞蹈的深刻体验。这个表演不仅吸引了国内游客,也成为国际游客的必游景点之一,吸引着世界各地的人们前来欣赏（图3-114）。

这个表演的独特之处在于它的多媒体元素,包括投影、声音效果和互动性。观众不仅可以享受表演,还可以积极参与其中,与表演互动,使体验感更加个性化和有趣（图3-115）。

多媒体水景表演为ICONSIAM增添了一层艺术和娱乐的精彩,使人们能够在购物之余欣赏到令人陶醉的演出。这不仅是一种视觉和听觉的享受,也是一次文化和艺术的沉浸之旅,让游客带着美好的回忆离开ICONSIAM,期待再次的光临。

（4）超级公园互动

ICONSIAM引入了芬兰的室内活动中心SuperPark,为整个项目增加了多元化的娱乐选择,确保每位游客都能找到适合自己的活动,在购物之余度过欢乐时光,留下美好的回忆（图3-116）。

SuperPark的吸引力在于它提供了各种各样的活

图3-112 ICONIC多媒体声光水影

图3-113 喷泉水舞秀具有丰富的视听感官元素

图3-114 喷泉技术和声光电结合来表现传达传统泰国精神

图3-115 水幕作为光线投射背景演绎出泰国独特文化,并通过民族音乐加以强调,是现代与传统的完美结合

图3-116 SuperPark的攀岩墙

图3-117 两层楼通过一根大木柱相互连接

动,适合不同年龄段的人。无论是孩子还是成年人,SuperPark都为他们提供了充满乐趣和刺激的选择。孩子们可以畅玩各种室内运动和互动游戏,从攀岩墙到蹦床,从投篮练习到绳索滑索,这里有丰富的儿童友好设施,为他们提供了一个安全而充实的游乐场所。

同时,SuperPark也是成年人寻找娱乐和锻炼机会的目的地。这里不仅提供了进行体育锻炼的机会,还鼓励人们在欢乐和挑战中度过时光。它提供了体育竞技的机会,如篮球和足球,同时还有虚拟现实游戏等现代科技元素。这使得SuperPark成为全家人可以一同前来度过时光的理想之地。

除此之外,SuperPark也提供了家庭亲子活动,这有助于促进亲子互动,加强家庭的凝聚力。家庭可以共同体验各种娱乐项目,创造珍贵的亲子时刻。

总而言之,SuperPark的引进不仅为ICONSIAM增添了更多娱乐选择,还创造了一个多代人共享乐趣的空间,使ICONSIAM不仅是购物场所,更是一个亲子、朋友和家人共度欢乐时光的地方。这个多元化的娱乐选择为ICONSIAM增添了更多吸引力,吸引了各种兴趣和需求的游客(图3-117至图3-124)。

图3-118 四楼、五楼ICONCRAFT区1

图3-119 四楼、五楼ICONCRAFT区2

▶▶▶ 3. 思政板块

通过对商业空间设计的分析和思考,学生可以更好地理解中华传统文化的深层内涵,并在现代商业环境中传达这些价值观。这有助于培养学生的文化自信和社会责任感,使他们成为具有创新思维和文化传承意识的商业空间设计师。推动中华优秀传统文化的创造性转化和创新性发展,不仅可以更好地传承文化基因,还可以为中国的可持续发展和社会和谐做出贡献。这种综合思政能力将在学生的职业生涯中发挥重要作用。

图3-120　15m高的落水喷泉

图3-121　特殊效果的落水喷泉

图3-123　ICONSIAM二楼的公园

图3-122　落水喷泉

图3-124　ICONSIAM二楼公园的每种植物都具有纯洁和神圣的含义

# 参考文献

[1] 叶强. 集聚与扩散——大型综合购物中心与城市空间结构演变[M]. 长沙：湖南大学出版社，2007.

[2] 李立华，陈洁. 我国商业空间历史发展初探[J]. 科技信息（学术研究），2007（04）.

[3] 马绝尘. 商业广告与销售促进[Z]. 北京：企业管理出版社，2000.

[4] 赵慧宁，赵军. 现代商业环境设计与分析[M]. 南京：东南大学出版社，2005.

[5] 顾馥保. 商业建筑设计（第二版）[M]. 北京：中国建筑工业出版社，2003.

[6] 黄小石. 专卖店设计[M]. 沈阳：辽宁科学技术出版社，2001.

[7] 周昕涛. 商业空间设计[Z]. 上海：上海人民美术出版社，2006.

[8] 胡谐. 品牌专卖店的整体设计和用户体验要素[J]. 丝网印刷，2022（06）：71-74.

[9] 徐礼媛. 上海有条南京路——中华第一商街的商业文化特质[J]. 商业文化，2020（Z2）：52-63.

[10] 秦岩，王欢. 原型、多样化到复合——新加坡商业综合体发展经验[J]. 新建筑，2023（04）：76-81.

# 拓展视频资料

马来西亚 IOI city mall

Green Pea 商业广场

万科时代中心改造

上海世贸广场

孟买苹果店与首尔苹果店

巴西巴拉纳州奥特莱斯

日本Sea Sea Park看海公园

深圳汇港商业中心

瑞虹天地太阳宫

重庆光环购物公园

青岛未来城万科广场

# 后记
## POSTSCRIPT

面临本书的结稿，我们心怀感慨，对商业空间设计的思考和探索之旅终于走到了一个重要的节点。平日里，在商业项目的现场和学校课堂的讲台上，我们可以尽情地谈论和分享关于商业空间设计的各种见解和经验。然而，当我们需要把这些思想和经验以确切的文字编写出来时，才深刻地感受到这一过程的挑战和机遇。

教材的编写工作远远不止是文字和图片的收集和整理，它是一次思维的征程，一次系统梳理和艰辛的定位思考的过程。在总主编林家阳教授的悉心指导下，我们经历了这一征程，不断向前推进，最终完成了这本教材的编写和改版升级。

在这个过程中，我们受到许多人的帮助与支持，这些人的贡献至关重要。首先，要感谢林家阳教授及其团队的鼎力支持。林老师的治学严谨和工作效率使我们备受鼓舞。其次，感谢大连工业大学环艺专业的可爱同学们，他们提供了大量素材和教学实践案例，丰富了教材的内容。他们的协助和贡献使这本教材得以成功完成。

商业空间设计是一个复杂的领域，需要不断开拓思维，综合商业与空间、经济与文化、艺术与科技等多方面的知识，以及灵活选择方法和手段，进行系统思维。我们希望这本教材能够为一线教学的老师们提供有价值的参考，同时激发学习商业空间设计的同学们的创意潜力，帮助他们在设计实践中取得更大的成功。

最后，我们再次感谢所有为这本教材的成功完成提供支持和帮助的人们，以及所有阅读本书的读者。我们希望这本教材能够成为学习商业空间设计的有力工具，促进行业的不断发展和创新。

祝愿大家在商业空间设计领域取得更多的成就，谢谢您的支持与阅读。

杨静